# 精进**Word**

## 成为**Word**高手

周庆麟　周奎奎

北京大学出版社
PEKING UNIVERSITY PRESS

# 内 容 简 介

本书以实际工作流程为主线，每个流程由不同的"大咖"创作，融合了"大咖"多年积累的设计思维经验和高级技巧，帮助读者打破固化思维、冲出牢笼，成为办公达人。

本书共分为 8 章，首先分析普通人使用 Word 效率低下的原因，之后展现高手们的思维和习惯，让读者初步了解成为高手的最佳学习路径；然后以"大咖"的逻辑思维为主线，通过介绍文本与表格处理的高级技巧、科学的排版流程、提高文档颜值的思路与私密技巧、长文档排版七步法、让文档操作得心应手的高手秘技以及 Word 中的自动化操作等内容，由简到繁的让读者用好 Word；最后，通过详解 4 个综合案例的实战操作，让你厘清思路，达到高手境界。

本书附赠资源丰富。随处可见的二维码，真正做到拿着手机看操作步骤、看技巧，拿着书本学高手理念。免费下载的 APP，不仅可以"问专家""问同学""晒作品"，还能看更多的教学视频。

本书适合有一定 Word 基础并想快速提升 Word 技能的读者学习使用，也可以作为电脑办公培训高级班的教材。初学者可以先看赠送的全套 Word 基础视频，再学本书，一举多得。

## 图书在版编目(CIP)数据

精进Word：成为Word高手 / 周庆麟，周奎奎编著. — 北京：北京大学出版社，2019.1
ISBN 978-7-301-29977-7

Ⅰ.①精… Ⅱ.①周… ②周… Ⅲ.①文字处理系统 Ⅳ.①TP391.12

中国版本图书馆CIP数据核字(2018)第239028号

| | | |
|---|---|---|
| 书　　　名 | 精进Word：成为Word高手 | |
| | JINGJIN WORD：CHENGWEI WORD GAOSHOU | |
| 著作责任者 | 周庆麟　周奎奎　编著 | |
| 责 任 编 辑 | 尹毅 | |
| 标 准 书 号 | ISBN 978-7-301-29977-7 | |
| 出 版 发 行 | 北京大学出版社 | |
| 地　　　址 | 北京市海淀区成府路205 号　100871 | |
| 网　　　址 | http://www.pup.cn　　　新浪微博：@ 北京大学出版社 | |
| 电 子 邮 箱 | 编辑部 pup7@pup.cn　总编室 zpup@pup.cn | |
| 电　　　话 | 邮购部 010-62752015　发行部 010-62750672　编辑部 010-62570390 | |
| 印 刷 者 | 北京宏伟双华印刷有限公司 | |
| 经 销 者 | 新华书店 | |
| | 787毫米×1092毫米　16开本　19.25印张　437千字 | |
| | 2019年1月第1版　2024年1月第7次印刷 | |
| 印　　　数 | 16001-18000册 | |
| 定　　　价 | 79.00 元 | |

# Word / 不好看的版面千奇百怪
好看的版面道理都一样

## 为什么写这本书?

很多人认为自己是 Word 高手，但处理文档时却屡屡碰壁，原因在于滥用 Word。Word 使用存在的误区，有以下几点。

（1）认为 Word 是功能更强大的写字板。

（2）认为 Word 操作简单，没啥可学的，但使用时，却用啥啥不会。

（3）看到他人处理文档时速度快、达意清晰、美观大方，而得到上级领导赏识，感觉不服气，却不知问题出在哪。

本书汇集了多位"大咖"的版面设计思路，优中取优，帮助读者冲破固化思维牢笼、开阔视野，精准把控文档排版思路，彻底用好 Word。

## 本书的特点是什么?

（1）本书有"大咖"成熟的 Word 版面设计思路，高效处理文档的大招，更有鲜为人知的高级技法。

（2）本书从实际出发，面向工作、生活和学习，解决文档处理中可能遇到的各类难题，搞定各类文档，势如破竹。

（3）本书拒绝呆板的文字描述和大量的操作步骤，阅读更轻松，内容更活泼、形象、有趣。

（4）本书中的各类技巧搭配有同步视频教学，用手机扫二维码即可随时观看。

（5）本书有检测练习，帮助读者检验学习效果。遇到问题怎么办？不用担心，扫描题后对应二维码即可查看高手解题思路。

## 本书都写了些什么？

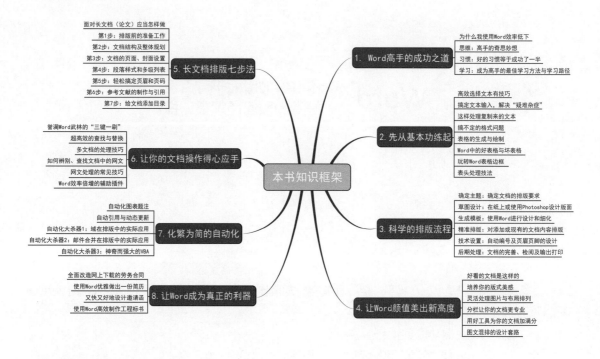

**本书知识框架**

**5. 长文档排版七步法**
- 面对长文档（论文）应当怎样做
- 第1步：排版前的准备工作
- 第2步：文档结构及整体规划
- 第3步：文档的页面、封面设置
- 第4步：段落样式和多级列表
- 第5步：轻松搞定页眉和页码
- 第6步：参考文献的制作与引用
- 第7步：给文档添加目录

**6. 让你的文档操作得心应手**
- 誉满Word武林的"三键一刷"
- 超高效的查找与替换
- 多文档的处理技巧
- 如何辨别、查找文档中的网文
- 网文处理的常见技巧
- Word效率倍增的辅助插件

**7. 化繁为简的自动化**
- 自动化图表题注
- 自动引用与动态更新
- 自动化大杀器1：域在排版中的实际应用
- 自动化大杀器2：邮件合并在排版中的实际应用
- 自动化大杀器3：神奇而强大的VBA

**8. 让Word成为真正的利器**
- 全面改造网上下载的劳务合同
- 使用Word优雅做出一份简历
- 又快又好地设计邀请函
- 使用Word高效制作工程标书

**1. Word高手的成功之道**
- 为什么我使用Word效率低下
- 思维：高手的奇思妙想
- 习惯：好的习惯等于成功了一半
- 学习：成为高手的最佳学习方法与学习路径

**2. 先从基本功练起**
- 高效选择文本有技巧
- 搞定文本输入，解决"疑难杂症"
- 这样处理复制来的文本
- 搞不定的格式问题
- 表格的生成与绘制
- Word中的好表格与坏表格
- 玩转Word表格边框
- 表头处理技法

**3. 科学的排版流程**
- 确定主题：确定文档的排版要求
- 草图设计：在纸上或使用Photoshop设计版面
- 生成模板：使用Word进行设计和细化
- 精准排版：对添加或现有的文档内容排版
- 技术设置：自动编号及页眉页脚的设计
- 后期处理：文档的完善、检阅及输出打印

**4. 让Word颜值美出新高度**
- 好看的文档是这样的
- 培养你的版式美感
- 灵活处理图片与布局排列
- 分栏让你的文档更专业
- 用好工具为你的文档加满分
- 图文混排的设计套路

## 您能通过这本书学到什么？

（1）跳出误区，了解 Word 高手的成功之道：了解效率低下的原因和高手的奇妙思维，养成好的习惯，掌握成为高手的学习方法及路径。

（2）练就基本功的方法：搞定文本处理、格式处理、表格处理时可能遇到的各类"疑难杂症"。

（3）科学的排版流程：掌握从确定主题、完成策划，再到细化、排版、技术操作及后期处理的科学排版流程。

（4）提升 Word 颜值的经验：培养图文混排的版式美感，掌握"大咖"使用图片、图表、形状等排版文档的设计套路。

（5）长文档排版七步法：一站式搞定排版前准备、整体规划、封面设计、段落设计、页眉页脚设计、制作参考文献及目录等操作的长文档排版七步法。

（6）提升操作技巧及自动化能力：高手的培养离不开技巧，批量操作、自动化操作，平时需要几天才能完成的工作，学习了本书，现在分分钟轻松搞定。

## 注意事项

### 1. 适用软件版本

本书所有操作均依托 Word 2016 软件，但本书介绍的方法和设计精髓却适用于之前的 Word 2013/2010/ 2007 版本及以后的 Word 版本。

### 2. 菜单命令与键盘指令

本书在写作时，当需要介绍软件界面的菜单命令或键盘按键时，会使用"【】"符号。例如，介绍组合图形时，会描述为选择【组合】选项。

### 3. 高手自测

本书配有高手自测题。建议读者根据题目，回顾该章内容，进行思考后动手写出答案，最后再扫描二维码查看参考答案。

### 4. 二维码形式

本书中包含两种类型的二维码，二维码作用分别如下。

 扫一扫，可查看基础知识回顾、知识拓展、高手点拨等内容。

温馨提示：

如果扫描二维码获取内容失败或下载链接失效，请添加 QQ（2664646），获取协助及最新下载链接。

 扫一扫，可观看案例操作同步教学视频。

温馨提示：

由于微信会禁止扫码观看外部视频链接，所以使用微信扫描可能会失败。可使用 QQ 浏览器、UC 浏览器等扫描二维码观看视频。

## 除了书，还能得到什么？

（1）本书配套的素材文件和结果文件。

（2）Word 案例操作同步教程教学视频。

（3）10 招精通超级时间整理术教学视频。

（4）5 分钟教你学会番茄工作法教学视频。

（5）1000 个 Office 常用模板。

如果操作中遇到难题，请查看"Word 案例操作同步教程教学视频"；如果还不会充分利用时间，请查看"10 招精通超级时间整理术教学视频""5 分钟教你学会番茄工作法教学视频"。

以上资源，请扫描左方二维码，关注"博雅读书社"微信公众号，找到"资源下载"栏目，根据提示获取。

温馨提示：

1. 从百度云盘下载超大资源，需要登录百度云盘账号；

2. 普通用户不能直接在百度云盘解压文件，需下载后再解压文件，会员支持云解压。

## 看到不明白的地方怎么办？

（1）Excel Home 技术社区发帖交流，网址为 http://club.excelhome.net。

（2）发送 E-mail 到读者信箱：2751801073@qq.com。

（3）进入读者交流 QQ 群：218192911（办公之家）。

温馨提示：如果加群显示群已满，请根据提示加新群。

目录

第8章    能级跃迁：让Word成为真正的利器/250

# 1

# 唯彻悟，成大道：Word高手的成功之道

　　怎样才能成为 Word 高手呢？这个问题很难回答，有的人只要3 个月就把 Word 用得"出神入化"，有的人陆陆续续学了两三年也不太有成效。关键在于学习 Word 的方法上，找到科学有效的学习方法，这本身就是一项重要技能。这一章首先来分析如何快速成为 Word 高手！

## 1.1 为什么我使用 Word 效率低下

Word 是 Office 中使用频率最高的软件，无论是高校中的申请表、毕业论文和求职简历，还是工作岗位中的各种报告、行政公文、策划总结等都离不开 Word 的使用。

Word 的使用在效率上凸显两极，有的人每天玩着就把工作完成得很漂亮，有的人每天都在加班，却有做不完的工作。

### 1 以为自己会 Word

很大一部分人对 Word 持有偏见，认为 Word 很简单，不值得学习，而他们往往只具备了 Word 入门水平，可能只会简单的文字输入及字体设置，就以为掌握了 Word 的全部功能。其实，Word 的功能强大，这些只是入门级而已，如果没有掌握它的页面布局、引用、邮件、审阅等功能，在工作和学习中使用时，就会因为这些功能而耗费大量时间，事倍功半。

Word 功能博大精深，它可以应用到人们的工作、学习、生活等方方面面。如果学好 Word、学精 Word，那么将会受益终身。

Word 制作的项目状态报告表

## 2  Word 知识已经够用

总觉得学习的内容足够使用，这也是很多学习者的通病，他们比"入门级"水平高，却比"中级"水平低，他们自恃掌握了 Word 的菜单功能，就以为精通了 Word。

这就像在招聘时，10 份简历，就有 9 份里面写到"精通 Office"，但是进入公司后，却发现用 Word 做个公司简报还需要大半天，而且没有一点美观可言。其实，这就是眼高手低，在周围 Word 水平都不高的情况下，存有"浮躁"的心态，导致在实际应用中不知所措，几分钟就能搞定的工作，却几个小时未见成效。

## 3  头痛医头，脚痛医脚

用"头痛医头，脚痛医脚"来形容一部分人再形象不过了。他们有一定的 Word 基础，却无法满足实际工作需求，也懒于学习。不过，他们有时也会通过其他途径去解决当前问题，如问同事、网上搜索，按部就班地操作解决。但是他们只是为了解决眼前问题，疏于思考，不去总结规律，致使没有系统地掌握 Word 功能要点，当再次遇到这个问题时，还是无法快速解决。

因此，建议在学习 Word 时，要善于思考和积累，懂其源究其根，这样才能一劳永逸。

## 4  方法不对，越用越费劲

在 Word 使用中，需要掌握一些技巧，这样可以高效地完成一些烦琐的工作。不过有些技巧虽然堪称"神技"，但并不一定适合所有的情况。用高效的方法解决对应的问题，否则越做越累越低效。下面就"曝光"几个使用 Word 的误区，也希望读者能够引起注意。

（1）通过空格设置首行缩进。

相信很多读者都使用空格来设置首行缩进，这种做法非但不高效，还会为后期的编排带来许多麻烦。

正确的做法：选择要设置的文档，选择【开始】→【段落设置】选项，弹出【段落】对话框，在【缩进】栏的【特殊格式】下拉列表框中选择【首行缩进】选项，单击【确定】按钮，所有段落即可完成统一缩进，如下图所示。

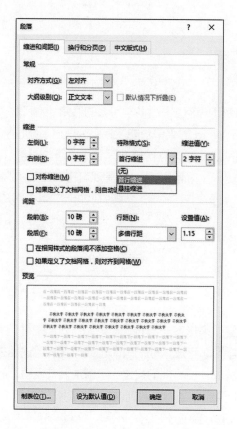

（2）格式刷一"刷"到底。

格式刷  确实很方便，对于一些内容较少的文档，可以快速"格式"，但是当面对十几页或几十页的大文档时，如果还用格式刷去"刷格式"，就会相对麻烦。

**提示：** 如果还不会使用格式刷，可以参考 6.1 节内容。

正确的做法：借助 Word 的样式，设置好段落样式，对段落进行应用，如下图所示。具体使用方法可以参考第 5 章的内容。

（3）手动删除文档空行。

有些网络下载的文档模板，里面有很多空行或自动换行符，很多读者都是一个一个手动删除的，这样不仅效率低，而且容易误删出错。

正确的做法：使用查找替换功能，按【Ctrl+H】组合键，打开【查找和替换】对话框。如果要删除多余的空行，可分别在【查找内容】与【替换为】文本框中输入"∧p∧p"和"^p"，然后单击【全部替换】按钮，即可删除多余的行，如下图所示。

如果要将自动换行符删除，可以在【查找内容】文本框中输入"∧l"（此处为小写l），【替换为】文本框中不输入任何内容（如果输入 ^p，可以添加回车符），单击【全部替换】按钮，如下图所示。

（4）手工输入页码。

相信很多读者不清楚页码编排规则，就用文本框手工添加文档页码，这样不但效率低，而且一旦修改文档，页码可能需要重新编排。

正确的做法：在文档编写完成后，选择【插入】→【页码】选项，为文档添加页码，这样即使文档发生较大变化，页码也会自动变更。如果遇到不规则的页码编排，就可能需要使用到分页符和页码格式设置等知识了。具体使用方法可以参考 5.6 节内容。

（5）手工添加目录。

很多人尝试使用【引用】→【目录】的方式添加目录，如下图所示，但是总也提不出目录来。其实他们并不明白目录是在大纲的基础上创建的，如果没有对文档标题设置好段落等级，自然就提不出。于是采取了手工添加目录的方式，其效果可想而知，工作量大、容易错，而且修改麻烦。

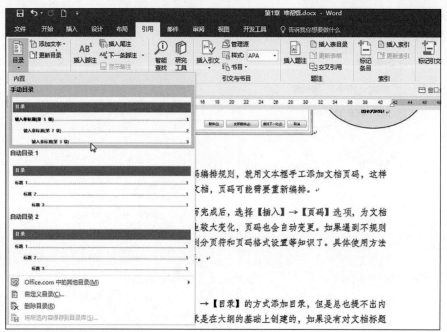

正确的方法：学习 5.8 节的内容。

除以上列举的问题外，还有很多类似的操作短板，相信很多读者深有体会，本书旨在让每个读者都能摒弃低效的操作，熟练掌握 Word。

# 1.2　思维：高手的奇思妙想

高手的世界，一般人很难理解，但可以学习高手的奇思妙想，一旦学会，成为高手就不成问题了！

当熟悉了 Word 的所有功能，甚至操作自如时，如果还是无法得到老板的赞赏，其主要原因是还没有完全领会 Word 的制作核心。吉泽准特在《职场书面沟通完全指南》中提到：其实无论是制作 Word、Excel 还是制作 PPT，都可以分为构建框架、制作草稿、定稿制作 3 个环节。简单来讲，就是需要先确定制作的内容，然后着手制作，最后排版定稿，如下图所示。为了方便理解和操作，在第 3 章会介绍更为具体的拆分与解释，以及科学排版的 6 个流程。

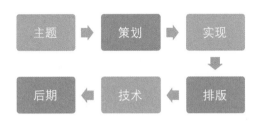

## 1　构建框架

一篇好的 Word 办公文档，关键在于逻辑清晰，而构建框架，则可以根据所做内容梳理好框架，为制作 Word 文档打下了基础。必要时可以通过 XMind 绘制框架大纲，XMind 是一个非常优秀的思维导图软件，如下图所示，建议读者在掌握 Word 之余，学习 XMind，这可以使读者在职场办公中更胜一筹。

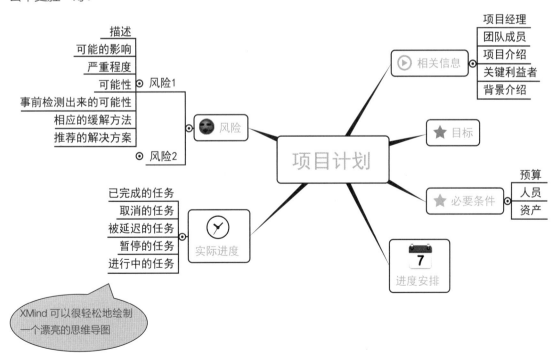

那么如何构建好框架呢，最简单的方法就是 3W，即 Who（给谁看）、What（目的是什么）、Why（前因后果），这样就可以确保所写文档的大方向，避免逻辑混乱。

## ② 制作草稿

确定了内容后，就可以制作草稿了。首先要避免文档版式不统一的问题，不论写什么内容，都要确保字体、字号、对齐方式、行间距等统一，这样排版出来的文档才好看。如无特殊格式样式，可以参照以下推荐字体设置。

| | |
|---|---|
| 推荐字体 | 汉字使用"宋体"或"仿宋"，英文使用"Times New Roman"。如果强调中文可以使用"加粗"或"下画线"的方式，但不要使用"斜体"或"阴影"；在强调关键英文和数字时，使用"Arial Black"最为合适 |
| 推荐字号 | 标题字号为"三号"~"二号"或14~22pt，正文字体为"五号"~"四号"或10~12pt。其中，注释字号可以是正文字号的80%左右 |
| 推荐行距 | 行距大一些，可以设置1.2倍多行距；正常显示，可用单倍行距。不过，慎用一倍以下的行距，这样会影响阅读效果 |

文档版式统一后，主要把握主体内容，不仅要确保内容的准确性，还要注意提炼内容及内容的表达形式。

① 检查文字的拼写与语法。可以使用 Word 的拼写和语法功能，检查文中有无错别字，尤其是注意英文首字母大写。

② 精简文稿内容。在制作文档时，应避免太冗长的语句出现，对内容加以提炼，以最少的文字，将所要表达的意思表述完整，避免长篇大论。Word 排版必要时可以多排几个段落，这样阅读起来会更加轻松。

③ 善用数字和图表表达。在文档制作时，可以使用一些数字增强说服力，必要的情况下，还可以添加脚注和尾注来说明数据的来源或出处，增强其说服力。另外，也可以使用图表、图片及结构图等对象，使文档锦上添花，如下图所示。

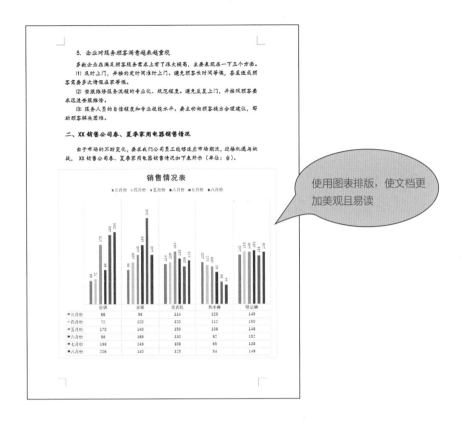

使用图表排版，使文档更加美观且易读

## 3　定稿制作

　　定稿制作就是一个收尾工程，需要对文档进行细致的检查，看细节上哪些地方是需要调整的。如果没有问题，即可打印或添加附件发送 E-mail。

## 1.3　习惯：好的习惯等于成功了一半

教学视频

　　计算机重启，文档没保存；文档修改了几遍，哪个是最终版……用 Word，养成好习惯，可以帮你在工作时"偷懒"。

## 1  随手保存文档

（1）新建空白文档后，不是立刻输入文字，而是要先按【Ctrl+S】组合键，将文档保存。

（2）编辑文档的过程中，不论是查阅资料还是喝水休息，记得随时按【Ctrl+S】组合键保存文档。

（3）设置 Word 自动保存时间。

选择【文件】→【选项】选项，在【保存】→【保存文档】栏下设置【保存自动恢复信息时间间隔】为【5】，如下图所示。

## 2  编辑完成不要急于关闭文档

编辑文档后，应先检查是否正确，不要急于关闭文档，如果保存错了，只需单击【撤销】按钮或按【Ctrl+Z】组合键，即可恢复到之前的状态。如果已经关闭文档，那么就无法恢复到之前的状态。

## 3 高效复制粘贴

从一个文档复制文本到另一个文档时，不仅复制了文字，还复制了格式，选择【粘贴】选项时，有以下 4 种粘贴格式。

（1）保留源格式（即原原本本地照搬文字和格式）。

（2）合并格式（照搬文字，并且格式与当前匹配）。

（3）粘贴为图片（将复制的内容转换为图片）。

（4）只保留文字（只复制文字，放弃原有格式）。

默认情况下是保留源格式粘贴，如果希望仅粘贴文本，每次都选择【只保留文字】选项就会影响速度。可以在【Word 选项】对话框中设置不同情况下默认的粘贴方式，如下图所示。

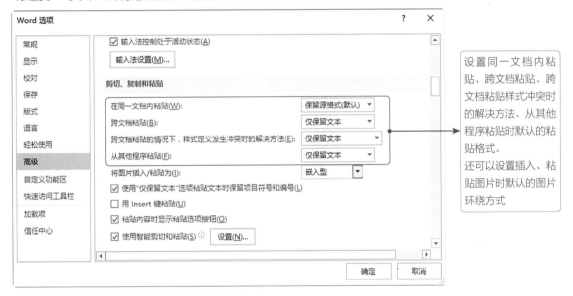

设置同一文档内粘贴、跨文档粘贴、跨文档粘贴样式冲突时的解决方法、从其他程序粘贴时默认的粘贴格式。

还可以设置插入、粘贴图片时默认的图片环绕方式

## 4 不要滥用空格键

不要使用空格键对齐文本，因为这样不仅使得文本不美观，而且编排起来也很麻烦。

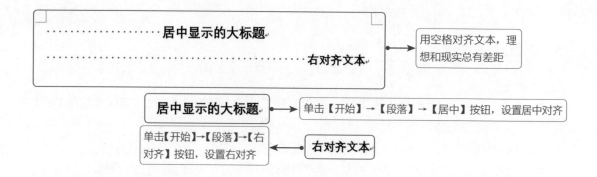

居中显示的大标题

右对齐文本

用空格对齐文本，理想和现实总有差距

居中显示的大标题

单击【开始】→【段落】→【居中】按钮，设置居中对齐

单击【开始】→【段落】→【右对齐】按钮，设置右对齐

右对齐文本

## 5 不要滥用回车键

（1）不要使用回车键调整段落和行间距。

设置段落间距和行间距可以在【段落】对话框中设置，如下图所示。

设置段落间距

设置行距

（2）不要使用回车键设置分页。

使用回车键设置分页，在添加或删除文本后，分页效果就会错误。可以按【Ctrl+Enter】组合键插入分页符实现分页。

## 6 Word 页面大小

（1）按住【Ctrl】键，将鼠标滑轮向下滚动，页面变小；向上滚动，页面变大。

（2）拖曳页面右下角的缩放滑块。

向左拖曳，缩小页面；
向右拖曳，增大页面

## 7 应用其他段落格式

（1）使用格式刷。

选择段落，单击【格式刷】按钮，如下图所示，即可复制该段落格式。选择其他段落，即可应用复制的格式。双击【格式刷】按钮，可多次使用复制的格式，按【Esc】键结束格式刷命令。

（2）使用快捷键。

按【Ctrl+Shift+C】组合键可复制所选段落格式，按【Ctrl+Shift+V】组合键可粘贴格式。

## 8 快速定位文档

（1）使用键盘。

按【Ctrl+Home】组合键可快速跳到文档开始位置，按【Ctrl+End】组合键可快速跳到文档结束位置。

按【Page Up】键可快速切换到上一页，按【Page Down】键可快速切换到下一页。

（2）使用【导航】窗格。

设置了大纲级别后，可选中【视图】→【显示】→【导航窗格】复选框，打开【导航】窗格，单击标题即可实现定位，如下图所示。

（3）使用【查找和替换】对话框。

按【Ctrl+G】组合键，打开【查找和替换】对话框，在【定位】选项卡下设置【定位目标】及定位位置即可，如下图所示。

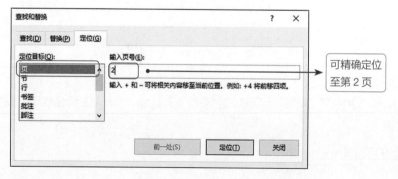

# 9　更适合码字的视图

将视图模式切换至【Web 版式视图】，如下图所示，调整软件界面窗口大小，文字编辑区会根据窗口大小动态变化，确保水平方向上文字不会被软件边缘挡住，内容一目了然。

## (10) 正确地给文档命名

文档命名切记不要随意，应养成以【日期 - 文件名】命名的好习惯，如果一天之内多次修改，可以以修改的时间点，以【日期 - 文件名 - 时间】的方式命名文件，如下图所示。

> 2018319-毕业论文.docx
> 2018320-毕业论文.docx
> 2018320-毕业论文-0711.docx
> 2018320-毕业论文-1421.docx
> 2018320-毕业论文-1806.docx

## 1.4 学习：成为高手的最佳学习方法与学习路径

高手不是一朝一夕练成的，只有通过正确的学习方法和学习路径，才可能用较短的时间取得较大的进步，也希望读者能够通过本书的引导，真正掌握 Word 这门艺术，从"以为自己会 Word"蜕变为"我真正会 Word"。

教学视频

### 1.4.1 最佳学习方法

学习任何知识都要讲究方法，正确的方法可以让学习变得简单，以最快的速度掌握学习内容。反之，错误的方法则事倍功半，甚至失去了学习兴趣。学习 Word 也是一样，只要懂得正确的学习方法，学会 Word 自然不是一件难事。

## 1  正确的学习心态

兴趣是最好的老师，不过绝大多数的读者学习 Word 并非兴趣使然，主要是希望学习 Word 对工作和学习有所帮助，这点是值得肯定的。

学习 Word 不是一蹴而就的短期行为，是一个学习积累的过程，如果能熟练应用 Word 中的很小一部分，就可以看作普通人中的高手，但是随着工作和学习应用领域的加深，那些简单的应用已完全不能满足使用的需求，尤其是对于那些因为技术困惑导致长期加班的朋友，此时更需要保持一个谦虚和积极的心态去学习 Word。

把 Word 当作朋友，在学习遇到困惑时不要放弃，选择正确的学习途径，在工作和探讨中保持良好的学习心态，只要掌握适合的学习方法，那么提高 Word 技能自然不是难事！

## 2  循序渐进的原则

循序渐进就是由易到难。例如，如果连 Word 有哪些功能都不清楚，就会在应用中不得其法。一些没有基础或有一定的基础的，先要修炼好 Word 基本功。

在 Word 学习过程中，大致可以分为 4 个阶段，分别为页面设置、图文混排、排版自动化和综合应用，如下图所示。其中页面设置是基本功，越顶端的阶段就越"高端"。

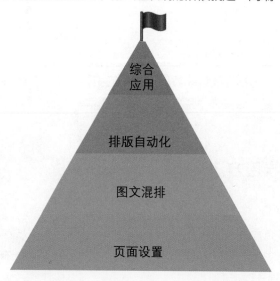

其实，目前大部分人的水平基本在页面设置阶段甚至偏下，更多的人主要是使用 Word 打字或存储文字内容，当达到图文混排阶段就可以灵活处理图片与布局排列；当达到排版自动化阶段，就可以快速、准确地排出一篇长文档；当达到最高端，就可以驰骋职场各种文档。

当然，如果能够掌握邮件合并和 VBA，那么即可依赖这两大"神器"，处理各种"疑难杂症"。不过说起来容易，邮件合并和 VBA 的强大功能就得需要一段时间的学习。因此，在学习 Word 时，一定要系统学习、循序渐进，仅通过学习 Word 小技巧，提升 Word 能力并不明显。

## 3 模仿

模仿对于任何领域和行业都适用。对于一个 Word 初学者，寻找一些优秀的作品，"比葫芦画瓢"就可以快速提升 Word 操作水平。例如，制作一篇公文，完全可以借鉴他人的优秀作品，熟悉框架和字体段落的设置。又如，在个人简历的制作上，通过多次模仿后，就会惊喜地发现不仅可以熟练掌握表格的应用技巧，而且可以创新地设计一些别出心裁的简历，如下图所示。

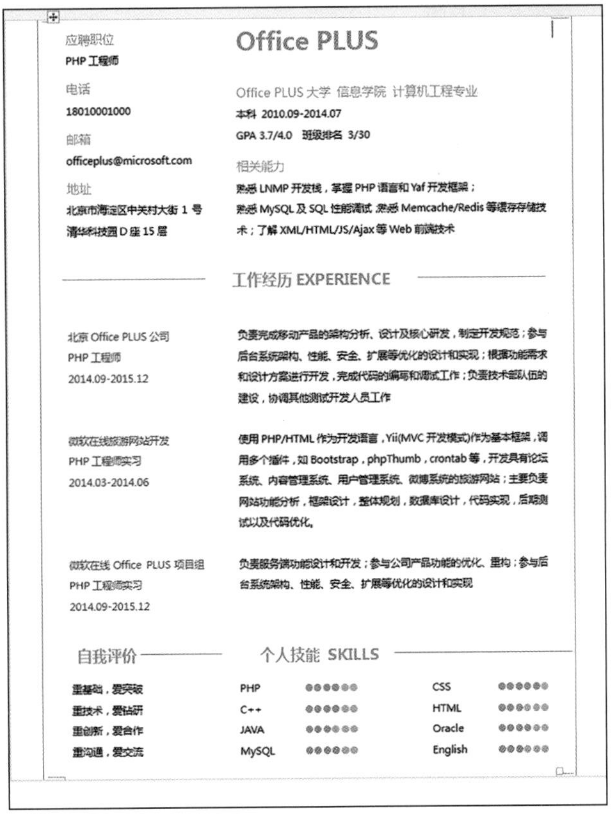

---

应聘职位
**PHP 工程师**

电话
18010001000

邮箱
officeplus@microsoft.com

地址
北京市海淀区中关村大街 1 号
清华科技园 D 座 15 层

**Office PLUS**

Office PLUS 大学 信息学院 计算机工程专业
本科 2010.09-2014.07
GPA 3.7/4.0　班级排名 3/30

相关能力
熟悉 LNMP 开发栈，掌握 PHP 语言和 Yaf 开发框端；
熟悉 MySQL 及 SQL 性能调试，熟悉 Memcache/Redis 等缓存存储技术；了解 XML/HTML/JS/Ajax 等 Web 前端技术

**工作经历 EXPERIENCE**

北京 Office PLUS 公司
PHP 工程师
2014.09-2015.12

负责完成移动产品的架构分析、设计及核心研发，制定开发规范；参与后台系统架构、性能、安全、扩展等优化的设计和实现；根据功能需求和设计方案进行开发，完成代码的编写和调试工作；负责技术部队伍的建设，协调其他测试开发人员工作

微软在线旅游网站开发
PHP 工程师实习
2014.03-2014.06

使用 PHP/HTML 作为开发语言，Yii(MVC 开发模式)作为基本框端，调用多个插件，如 Bootstrap，phpThumb，crontab 等，开发具有论坛系统、内容管理系统、用户管理系统、微博系统的旅游网站；主要负责网站功能分析、框端设计，整体规划，数据库实现，代码实现，后期测试以及代码优化。

微软在线 Office PLUS 项目组
PHP 工程师实习
2014.09-2015.12

负责服务端功能设计和开发；参与公司产品功能的优化、重构；参与后台系统架构、性能、安全、扩展等优化的设计和实现

自我评价
重基础，爱突破
重技术，爱钻研
重创新，爱合作
重沟通，爱交流

**个人技能 SKILLS**

| | | | |
|---|---|---|---|
| PHP | ●●●●●○ | CSS | ●●●●●○ |
| C++ | ●●●●○○ | HTML | ●●●●●○ |
| JAVA | ●●●●●○ | Oracle | ●●●●●○ |
| MySQL | ●●●●○○ | English | ●●●●○○ |

因此，当学习初期排版一些复杂的作品时，如果毫无头绪和思路，那么模仿一些优秀的作品也是一个不错的选择。

## 4 多阅读多思考多实践

多阅读与 Word 内容相关的文章和图书，可以丰富自己的知识。例如，可以通过互联网搜索 Word 视频和文字教程进行学习；如果有条件，也可以买几本不错的图书，就可以更高效、更方便地学习专家的经验和技巧。

只学习不思考，如囫囵吞枣，始终不知其味，不知其美。在学习 Word 时，没有必要死记硬背，需要在学习和使用中多思考，方能发现其原理和规律所在，为知识的拓展提供方向。例如，Word 中的快捷键即可通过一定的规律来记忆，可以大大提高自己的操作效率。

| | All | 全部 |
|---|---|---|
| | Black | 黑体（加粗） |
| | Copy | 复制 |
| | Find | 查找 |
| Ctrl+ | New | 新建 |
| | Open | 打开 |
| | Print | 打印 |
| | Save | 保存 |

只学习不实践，就会眼高手低，难以把学到的 Word 知识应用到实际工作中。通过实践，可以举一反三，即围绕一个知识点，做各种假设来测试，以验证自己的理解是否正确和完整。

## 5 善用学习资源

Word 功能强大，用得越多，就越会发现自己懂得很少，本书仅提供了一些思路和方法，如果希望学习更多内容，就要善用学习资源，以使自己获得更大的进步。

（1）Word 联机模板。

Word 新建文档界面自带了很多模板，如下图所示。用户可以借用里面的模板，为自己的排版和设计提供框架和思路。

（2）Word 联机帮助。

遇到问题时，如果知道应该使用什么功能，但是不太会用，此时最好的办法是按【F1】键调出 Word 的联机帮助，如左下图所示，集中精力学习这个需要掌握的功能。

如果是 Word 2016 以上的版本，还可以使用【Tell me】功能，在【告诉我你想要做什么】文本框中输入要了解的内容或操作，则自动弹出相关信息列表，如右下图所示。

（3）Office 官方帮助站点。

在微软官方 Office 培训帮助页面，提供了大量技术支持文档，可以将要了解的功能、问题等输入文本框中，如下图所示。一般都能找到详尽的解释。

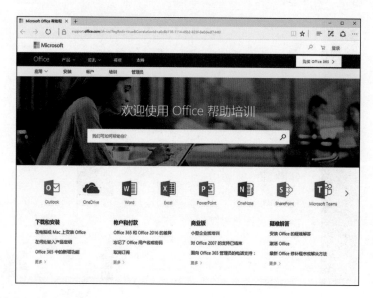

（4）网上搜索，解决大烦恼。

　　如今，使用各种搜索功能在互联网上查找资料，已经成为信息时代的一项重要生存技能。因为互联网上的信息量实在是太大了，大到即使一个人 24 小时不停地看，也永远看不完。借助各式各样的搜索，可以在海量信息中查找到自己所需的信息来阅读，以节省时间，提高学习效率，如下图所示。

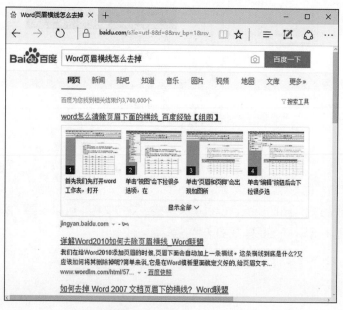

　　另外，也可以通过网络下载一些优秀的模板文档，如百度文库、稻壳网、豆丁网等。

为了方便读者掌握 Word 学习方法，笔者根据自身多年的实践经验，总结了如下图所示的学习路径图，希望读者能够结合自身情况，合理安排学习计划，早日成为 Word 高手。

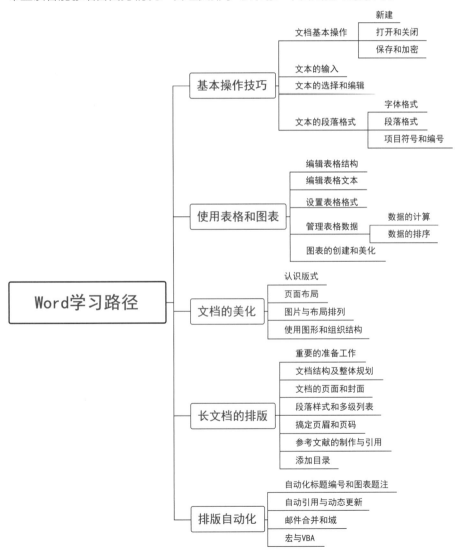

第2章

2

# 高超的武功：先从基本功练起

　　在 Word 中使用一些技巧可以制作出灵活、炫酷的文档，还有一些技巧可以提高办公效率。而基本功是用好 Word 的基础，保证文档质量高、可靠性强。

　　学好基本功，先从使用 Word 开始。

## 2.1 高效选择文本有技巧

通常情况下，使用拖曳的方法选择文本，如果选择的文本较多，这种方式不但效率低，还容易出错。例如，选择所有文本，可以按【Ctrl+A】组合键。除此之外，还有哪些高效选择文本的技巧呢？

### 1 使用键盘选择文本

使用键盘选择文本十分高效，下面介绍各组合键的功能。

| 组合键 | 功能 |
| --- | --- |
| 【Shift+←】 | 选择光标左边的一个字符 |
| 【Shift+→】 | 选择光标右边的一个字符 |
| 【Shift+↑】 | 选择至光标上一行同一位置之间的所有字符 |
| 【Shift+↓】 | 选择至光标下一行同一位置之间的所有字符 |
| 【Ctrl+ Home】 | 选择至当前行的开始位置 |
| 【Ctrl+ End】 | 选择至当前行的结束位置 |
| 【Ctrl+A】/【Ctrl+5】 | 选择全部文档 |
| 【Ctrl+Shift+↑】 | 选择至当前段落的开始位置 |
| 【Ctrl+Shift+↓】 | 选择至当前段落的结束位置 |
| 【Ctrl+Shift+Home】 | 选择至文档的开始位置 |
| 【Ctrl+Shift+End】 | 选择至文档的结束位置 |

## 2 使用【Shift】键和【Ctrl】键选择

### 个人工作报告

尊敬的各位领导、各位同事：

大家好，我从 20XX 年起开始在公司从事销售工作，至今，已有将近 4 年时间。在公司各位领导以及原销售一部销售经理马经理的带领和帮助下，由一名普通的销售员升职到销售一部的销售经理已经有 6 个月的时间，这 6 个月在销售一部所有员工的鼎力协助下，已完成销售额 128 万元，占销售一部全年销售任务的 55%。现将这 6 个月的工作总结如下。

一、　切实落实岗位职责，认真履行本职工作

作为销售一部的销售经理，自己的岗位职责主要包括以下几点。

◆ 千方百计完成区域销售任务并及时催回货款。

◆ 努力完成销售管理办法中的各项要求。

单击鼠标确定起点位置，按住【Shift】键的同时单击终止位置，即可选择两次单击之间的文本

### 个人工作报告

尊敬的各位领导、各位同事：

大家好，我从 20XX 年起开始在公司从事销售工作，至今，已有将近 4 年时间。在公司各位领导以及原销售一部销售经理马经理的带领和帮助下，由一名普通的销售员升职到销售一部的销售经理已经有 6 个月的时间，这 6 个月在销售一部所有员工的鼎力协助下，已完成销售额 128 万元，占销售一部全年销售任务的 55%。现将这 6 个月的工作总结如下。

一、　切实落实岗位职责，认真履行本职工作

作为销售一部的销售经理，自己的岗位职责主要包括以下几点。

◆ 千方百计完成区域销售任务并及时催回货款。

◆ 努力完成销售管理办法中的各项要求。

按住【Ctrl】键的同时拖曳鼠标，可以选择多个不连续的文本

## 3 在段落前通过空白位置选择

尊敬的各位领导、各位同事：

大家好，我从 20XX 年起开始在公司从事销售工作，至今，已有将近 4 年时间。在公司各位领导以及原销售一部销售经理马经理的带领和帮助下，由一名普通的销售员升职到销售一部的销售经理已经有 6 个月的时间，这 6 个月在销售一部所有员工的鼎力协助下，已完成销售额 128 万元，占销售一部全年销售任务的 55%。现将这 6 个月的工作总结如下。

一、　切实落实岗位职责，认真履行本职工作

在段落前空白位置单击，可选择整行

尊敬的各位领导、各位同事：

大家好，我从 20XX 年起开始在公司从事销售工作，至今，已有将近 4 年时间。在公司各位领导以及原销售一部销售经理马经理的带领和帮助下，由一名普通的销售员升职到销售一部的销售经理已经有 6 个月的时间，这 6 个月在销售一部所有员工的鼎力协助下，已完成销售额 128 万元，占销售一部全年销售任务的 55%。现将这 6 个月的工作总结如下。

一、　切实落实岗位职责，认真履行本职工作

在段落前空白位置双击，可选择整段

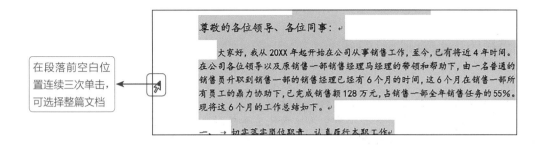

在段落前空白位置连续三次单击，可选择整篇文档

## 4 选择格式类似的文档

**方法一：通过选项卡选择。**

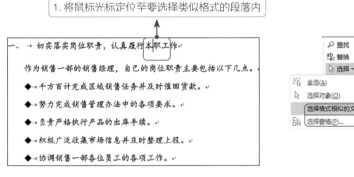

1. 将鼠标光标定位至要选择类似格式的段落内

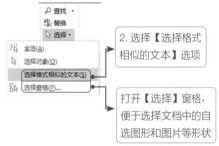

2. 选择【选择格式相似的文本】选项

打开【选择】窗格，便于选择文档中的自选图形和图片等形状

**方法二：通过【样式】窗格选择。**

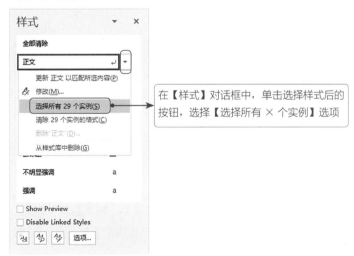

在【样式】对话框中，单击选择样式后的按钮，选择【选择所有 × 个实例】选项

**5** 选择格式工整的部分内容

1. 调查了解男士消费者对于洁面乳的使用情况。
2. 调查了 [Alt] 年龄阶层男士消费者用洁面乳主要想解决的问题。
3. 调查了解不同年龄阶层男士消费者偏好那个品牌的洁面乳。
4. 调查了解不同年龄阶层男士消费者对于洁面乳的功能偏好。
5. 调查了解不同年龄阶层男士消费者购买洁面乳所考虑的因素。
6. 调查了解不同年龄阶层男士消费者对洁面乳市场的满意度。

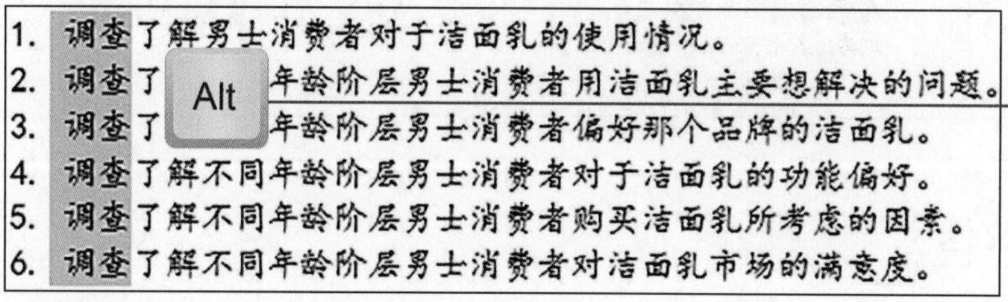

> 按住【Alt】键拖曳鼠标，即可选择格式工整的部分内容，这里选择了每段编号后的前两个字符

## 2.2 搞定文本输入，解决"疑难杂症"

输入文本时，遇到疑难问题怎么解决？网上搜索答案，还是自己找资料？这里总结了文本输入时常遇到的问题，帮助读者轻松解决"疑难杂症"。

**1** 输入文字后，后面的文字消失

> 原文本：今天休息不上班。
> 期望修改后：今天星期天，休息不上班。
> 现实修改后：今天星期天，班。

> 这是【Insert】键在作怪，首次按下【Insert】键会进入改写状态，输入文字会自动覆盖后面的文字。解决方法是再次按【Insert】键

**2** 快速输入大写中文数字

选择输入的阿拉伯数字，单击【插入】选项卡下【符号】组中的【编号】按钮，在打开的【编号】对话框的【编号类型】列表框中选择大写中文数字，单击【确定】按钮即可，如下图所示。

123456

壹拾贰萬叁仟肆佰伍拾陆

## 3 将输入的数字设置为斜体

在文档中需要将输入的常规数字更改为斜体,怎么办?是每次输入数字后单独设置字体样式?还是先输入数字,再一个一个修改?虽然这两种方法都能实现,但速度都会慢很多。使用替换功能就可以轻松解决。

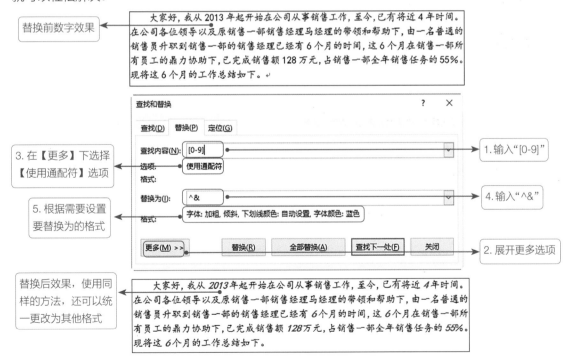

替换前数字效果

3. 在【更多】下选择【使用通配符】选项

5. 根据需要设置要替换为的格式

替换后效果,使用同样的方法,还可以统一更改为其他格式

1. 输入"[0-9]"

4. 输入"^&"

2. 展开更多选项

## 2.3 这样处理复制来的文本

整理文档时，会经常从网上复制一些文本内容，粘贴至文档时，可能会出现各种问题，如字体大小不一致、格式混乱、包含多余空格、包含多余空白行、包含大量手动换行标记等，怎样快速解决这类麻烦呢？

### 1 复制后包含原格式

无论 团去

是跟 九寨

复制后粘贴至 Word 文档，文字变很大，或者包含原文档中的样式。
可以先将内容复制到文本文档中，再复制到 Word 中解决。
但有没有更直接、便捷的方法呢？答案是肯定的。
利用 Word 的粘贴选项功能即可

无论是跟团去九寨沟旅游还是进行个人的九寨沟自助游，都喜
欢在那里放松娱乐的同时，
能够在离别之际，
购买一些当地的土特产，
能够回去之后送与亲朋友好友，
分享那份喜悦。
九寨沟位于阿坝藏族
自治州，所以这些特产也具有浓浓的藏族色彩。

合并格式：删除原本格式，
与当前文件格式保持一致

只保留文本：纯文字时和合并格式效果相同，如果有图片或表
格时，将不保留图片，表格则仅保留文字

无论是跟团去九寨沟旅游还是进行个人的九寨沟自助游，都喜欢在那里放松娱乐的同时，能够在离别之际，购买一些当地的土特产，能够回去之后送与亲朋友好友，分享那份喜悦。九寨沟位于阿坝藏族自治州，所以这些特产也具有浓浓的藏族色彩。

## ② 格式混乱的处理

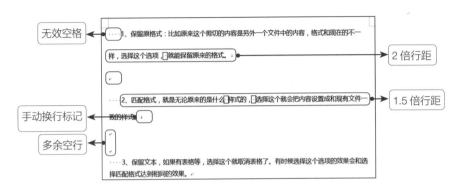

按【Ctrl+A】组合键选择全部文档，或者仅选择要调整格式的段落，单击【开始】选项卡下【样式】组中的【其他】按钮，选择【清除格式】选项。

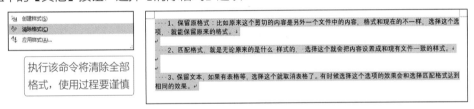

## ③ 包含大量多余空格的处理

按【Ctrl+H】组合键，打开【查找和替换】对话框。

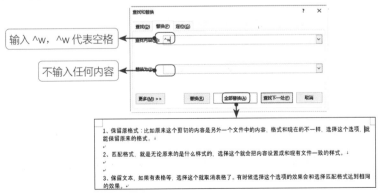

## 4 包含大量手动换行标记的处理

按【Ctrl+H】组合键，打开【查找和替换】对话框。

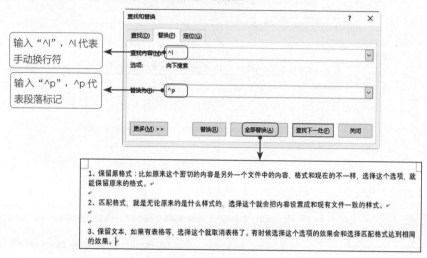

输入 "^l"，^l 代表手动换行符

输入 "^p"，^p 代表段落标记

## 5 包含空白行的处理

按【Ctrl+H】组合键，打开【查找和替换】对话框。

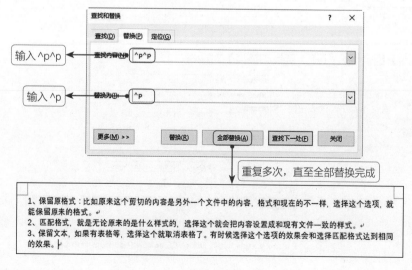

输入 ^p^p

输入 ^p

重复多次，直至全部替换完成

## 2.4 搞不定的格式问题

教学视频

设置格式，看似简单，但出现格式问题，想解决又无从下手，找出问题出现的原因，才是解决格式问题的关键。

### 1 图片显示不完整

插入"嵌入型"图片后仅显示部分，多次删除、再插入也没用，更改图片环绕方式为其他类型，图片显示完整，但更改回"嵌入型"，又显示不完整，原因在哪？

原因："嵌入型"图片相当于一个"字符"，如果行距设置的太小，就会导致图片显示不完整。

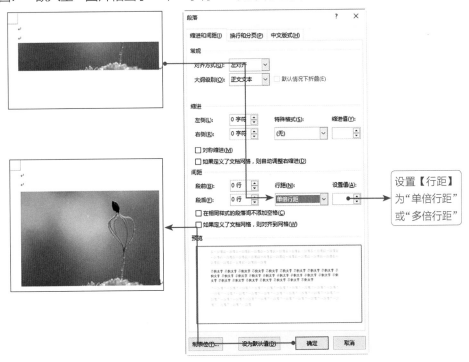

设置【行距】
为"单倍行距"
或"多倍行距"

## ② 文档在不同计算机中显示错乱

编辑好的文档，在自己的计算机上显示正常，在其他计算机上查看时，会发现版式错乱或图片位置跑到了下一页。

原因 1：其他计算机中，没有文档所设定的字体格式，导致版面错乱。

原因 2：页面底部图片设置的过于紧凑，页面撑得太满，导致错乱。

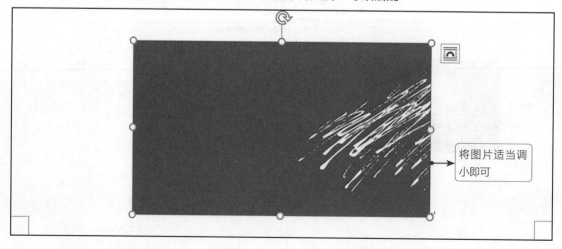

## ③ 数字间隔大，无法调整

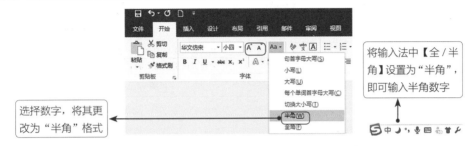

原因：因为这些数字是全角字符，改成半角字符格式即可。

选择数字，将其更改为"半角"格式 ←

将输入法中【全 / 半角】设置为"半角"，即可输入半角数字

## ④ 单词在一行最后显示不完整，自动显示在下一行开头

原因：Word 默认西文字体在单词中间不换行，只需选中【允许西文在单词中间换行】复选框即可。

在【段落】对话框下【中文版式】选项卡下选中【允许西文在单词中间换行】复选框

## 5  表格后多了空白页

表格终于做完了，突然发现最后多了一页空白页，并且删不掉！

| 其他 | 用途 | ¥ |
|---|---|---|
| | 用途 | ¥ |
| | 用途 | ¥ |
| | 用途 | ¥ |
| | 小计 | ¥ |
| | 减去公司支付的金额 | ¥ |
| | 公司欠员工的总金额 | ¥ |
| 签名 | 日期 | |

原因：产生空白页是因为表格所在页面撑得太满，导致表格后的最后一个回车符无法在表格页显示，只能到下一页。

如果要删掉空白页，不妨从以下几个方面入手。

（1）更改回车符所在段落的字体大小。

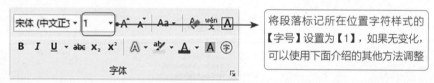

将段落标记所在位置字符样式的【字号】设置为【1】，如果无变化，可以使用下面介绍的其他方法调整

（2）减小行间距。

通过减小空白页段落标记所在段落的行间距，去掉空白页。

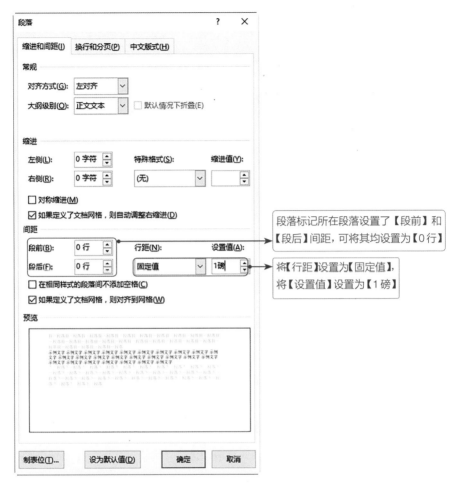

段落标记所在段落设置了【段前】和【段后】间距，可将其均设置为【0行】

将【行距】设置为【固定值】，将【设置值】设置为【1磅】

（3）减小表格行高。

如果表格行高允许调整，也可以适当减小表格行的行高。

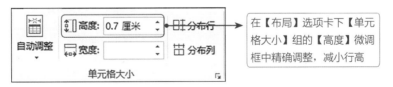

在【布局】选项卡下【单元格大小】组的【高度】微调框中精确调整，减小行高

（4）减少页边距。

打开【页面设置】对话框，适当减小【上】【下】页边距的大小。

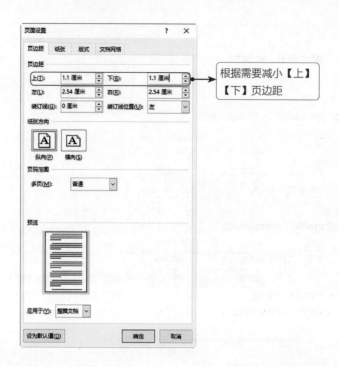

根据需要减小【上】
【下】页边距

## 6 表格跨页断行

在同一个表格输入的内容，前部分在上一页，而剩余部分则显示到下一页。

原因：默认情况下，表格允许跨页断行，只需取消选中【允许跨页断行】复选框即可。

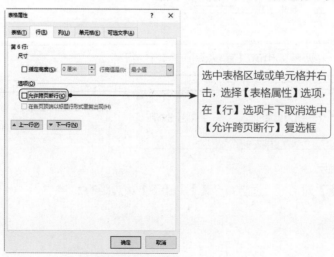

选中表格区域或单元格并右
击，选择【表格属性】选项，
在【行】选项卡下取消选中
【允许跨页断行】复选框

# 7 表格文字失踪了

使用他人的表格或编辑表格时，在其他计算机上重新打开后，表格中的内容找不到了，要怎么办？

原因：这是因为纸张页面不够大，装不下表格，导致表格超出页面。

知道原因，问题就好解决了，通常使用的纸张是 A4 纸，在纸张不允许变动的情况下，调整表格尺寸即可。

方法一：根据窗口自动调整表格。

选中表格并右击，选择【自动调整】→【根据窗口自动调整表格】选项，表格即可根据窗口宽度自动调整，显示出消失的文字。

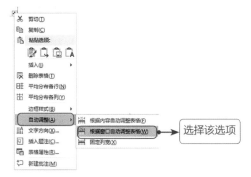

方法二：找到超出页面的边界，拉回可见区域。

显示标尺，在标尺右侧灰色区域可以看到一个向上的箭头，该位置即为超出页面边界部分最右端的结束位置。

如果没有显示该箭头，可以适当缩小页面的显示比例，直至显示出来为止

选择表格，标尺右端向上的箭头会变为灰色矩形，将鼠标指针放在矩形上方，当指针变为双向箭头形状时，按住鼠标左键向左移动，会显示虚线，表格会根据虚线的移动而变化，直至表格显示完整，释放鼠标左键即可。

移动双向箭头

虚线位置，控制表格边界

灰色矩形

方法三：底部文字消失，设置表格属性为【允许跨页断行】。

如果是底部文字消失，可选中表格，打开【表格属性】对话框，单击【选项】按钮，在【表格选项】对话框中选中【自动重调尺寸以适应内容】复选框。

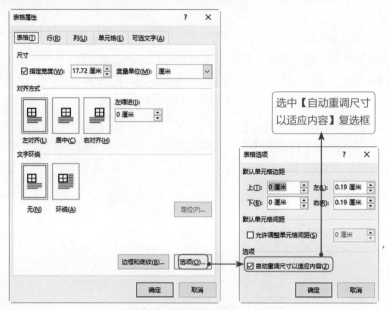

返回【表格属性】对话框，在【行】选项卡下选中【允许跨页断行】复选框，表格即可跨页显示底部消失的内容。

## 8 减小表格行高，无反应

无论是拖曳调整还是精确减小行高，均无反应。

### 差 旅 费 报 销 清 单

报销部门：_____                       填报日期：____年____月____日

| 姓名 | | 职位 | | 出差事由 | |
|---|---|---|---|---|---|

| 出差起止日期自    年    月    日起至    年    月    日止          共    天          附单据    张 |
|---|

| 日期 | | 起讫地点 | 天数 | 机票费 | 车船费 | 交通费 | 住宿费 | 出差补助 | 节约补助 | 其他 | 小计 |
|---|---|---|---|---|---|---|---|---|---|---|---|
| 月 | 日 | | | | | | | | | | |
| | | | | | | | | | | | |
| | | | | | | | | | | | |
| | | | | | | | | | | | |
| | | | | | | | | | | | |
| | | | | | | | | | | | |
| | | 合计 | | | | | | | | | |

| 总计金额（大写）    万    仟    佰    拾    元    角    分    预支 _____元    补助 _____元 |
|---|

负责人          会计          审核          部门主管          出差人

原因：可能是因为该行中为文本设置了段落样式，如设置了较大的段前间距、段落间距或行距。
选择文本，打开【段落】对话框，将大的间距减小即可。然后可以根据需要调整该行的高度。

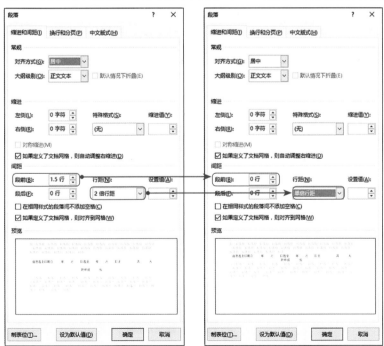

# 2.5 表格的生成与绘制

教学视频

表格是 Word 2016 中非常有用的工具，可以将关系密切的内容以行、列交错的整齐格式呈现，并且还可以利用表格结构灵活布局版面。

## 1 生成表格的多种方法

生成表格是一种基本的操作，Word 2016 提供了 6 种生成表格的方法，最常用的方法是使用【插入表格】对话框，那其他几种方法怎样呢？

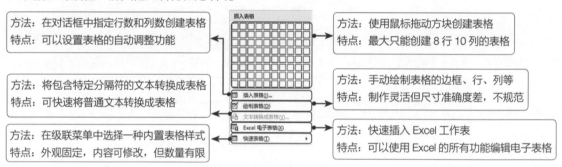

方法：在对话框中指定行数和列数创建表格
特点：可以设置表格的自动调整功能

方法：使用鼠标拖动方块创建表格
特点：最大只能创建 8 行 10 列的表格

方法：将包含特定分隔符的文本转换成表格
特点：可快速将普通文本转换成表格

方法：手动绘制表格的边框、行、列等
特点：制作灵活但尺寸准确度差，不规范

方法：在级联菜单中选择一种内置表格样式
特点：外观固定，内容可修改，但数量有限

方法：快速插入 Excel 工作表
特点：可以使用 Excel 的所有功能编辑电子表格

## 2 将现有内容转换成表格

（1）文本转换成表格。

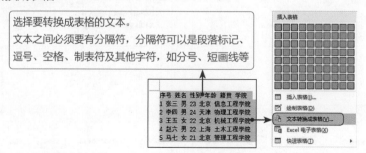

选择要转换成表格的文本。
文本之间必须要有分隔符，分隔符可以是段落标记、逗号、空格、制表符及其他字符，如分号、短画线等

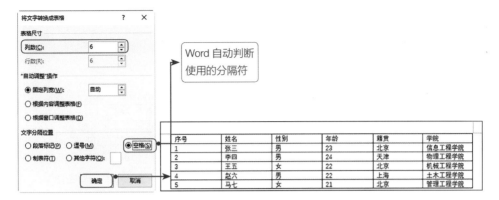

Word 自动判断
使用的分隔符

（2）表格转换成文本。

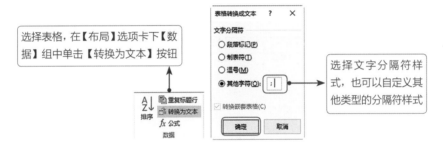

选择表格，在【布局】选项卡下【数据】组中单击【转换为文本】按钮

选择文字分隔符样式，也可以自定义其他类型的分隔符样式

## 3 绘制表格

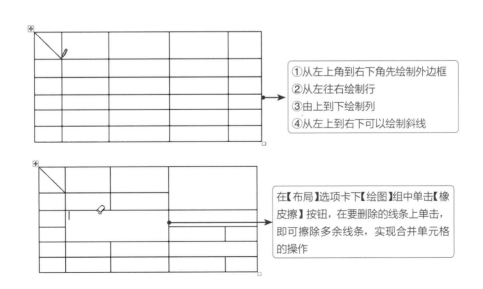

①从左上角到右下角先绘制外边框
②从左往右绘制行
③由上到下绘制列
④从左上到右下可以绘制斜线

在【布局】选项卡下【绘图】组中单击【橡皮擦】按钮，在要删除的线条上单击，即可擦除多余线条，实现合并单元格的操作

## 4 将一个表格拆分为两个

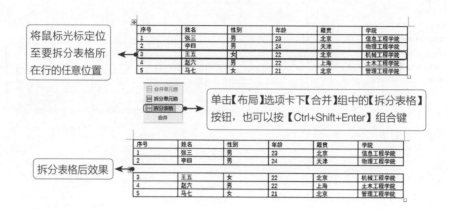

将鼠标光标定位至要拆分表格所在行的任意位置

单击【布局】选项卡下【合并】组中的【拆分表格】按钮，也可以按【Ctrl+Shift+Enter】组合键

拆分表格后效果

---

## 2.6 Word 中的好表格与坏表格

Word 中表格数据不宜过多，内容要简单、明确，结构要清晰，但哪些表格算好表格，哪些表格算坏表格呢？

## 1 表格选择横排还是竖排

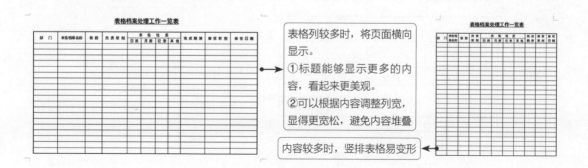

表格列较多时，将页面横向显示。

①标题能够显示更多的内容，看起来更美观。

②可以根据内容调整列宽，显得更宽松，避免内容堆叠

内容较多时，竖排表格易变形

## 2 格式工整、条理清晰

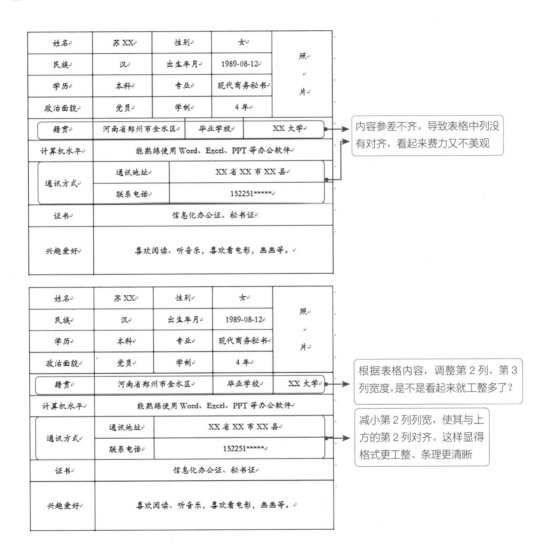

| 姓名 | 苏XX | 性别 | 女 | 照 |
|---|---|---|---|---|
| 民族 | 汉 | 出生年月 | 1989-08-12 | 片 |
| 学历 | 本科 | 专业 | 现代商务秘书 | |
| 政治面貌 | 党员 | 学制 | 4 年 | |
| 籍贯 | 河南省郑州市金水区 | 毕业学校 | XX 大学 | |
| 计算机水平 | 能熟练使用 Word、Excel、PPT 等办公软件 | | | |
| 通讯方式 | 通讯地址 | XX 省 XX 市 XX 县 | | |
| | 联系电话 | 152251***** | | |
| 证书 | 信息化办公证、秘书证 | | | |
| 兴趣爱好 | 喜欢阅读、听音乐，喜欢看电影，画画等。 | | | |

→ 内容参差不齐。导致表格中列没有对齐，看起来费力又不美观

| 姓名 | 苏XX | 性别 | 女 | 照 |
|---|---|---|---|---|
| 民族 | 汉 | 出生年月 | 1989-08-12 | 片 |
| 学历 | 本科 | 专业 | 现代商务秘书 | |
| 政治面貌 | 党员 | 学制 | 4 年 | |
| 籍贯 | 河南省郑州市金水区 | 毕业学校 | XX 大学 | |
| 计算机水平 | 能熟练使用 Word、Excel、PPT 等办公软件 | | | |
| 通讯方式 | 通讯地址 | XX 省 XX 市 XX 县 | | |
| | 联系电话 | 152251***** | | |
| 证书 | 信息化办公证、秘书证 | | | |
| 兴趣爱好 | 喜欢阅读、听音乐，喜欢看电影，画画等。 | | | |

→ 根据表格内容，调整第 2 列、第 3 列宽度，是不是看起来就工整多了？

→ 减小第 2 列列宽，使其与上方的第 2 列对齐。这样显得格式更工整、条理更清晰

## 3 行高、列宽合理

（1）行高。适当的行高可以使文档看起来更舒服，便于阅读。

**XX 超市食品区近年销量额统计表** (单位：万元)

| | 零食 | 饮料 | 蔬菜 | 肉类 |
|---|---|---|---|---|
| 2014 年 | 140 | 160 | 58 | 240 |
| 2015 年 | 162 | 210 | 87 | 280 |
| 2016 年 | 204 | 240 | 106 | 300 |
| 2017 年 | 248 | 296 | 112 | 310 |

> 行高不够，虽然内容显示完整，但过于拥挤、紧凑，表格看起来不美观

**XX 超市食品区近年销量额统计表** (单位：万元)

| | 零食 | 饮料 | 蔬菜 | 肉类 |
|---|---|---|---|---|
| 2014 年 | 140 | 160 | 58 | 240 |
| 2015 年 | 162 | 210 | 87 | 280 |
| 2016 年 | 204 | 240 | 106 | 300 |
| 2017 年 | 248 | 296 | 112 | 310 |

> ①增大至合适的行高，表格看起来更丰满，便于阅读。
> ②标题行的行高可以比表格正文更高一些

**XX 超市食品区近年销量额统计表** (单位：万元)

| | 零食 | 饮料 | 蔬菜 | 肉类 |
|---|---|---|---|---|
| 2014 年 | 140 | 160 | 58 | 240 |
| 2015 年 | 162 | 210 | 87 | 280 |
| 2016 年 | 204 | 240 | 106 | 300 |
| 2017 年 | 248 | 296 | 112 | 310 |

> 过于宽松的行高，表格看起来像一盘散沙

（2）列宽。根据表格内容多少设置列宽，内容多少差别不大时，可均匀分配列宽。

**企业发展意见汇总表**

| 姓名 | 部门 | 职位 | 意见 |
|---|---|---|---|
| 王 XX | 销售部 | 销售经理 | 加大销售型人才的引进，分工到位 |
| 李 XX | 后勤部 | 后勤部部长 | 正确用人，大胆授权，职责明确，用人不疑 |
| 周 XX | 策划部 | 策划部主任 | 加强对基层员工的培养，提升策划能力 |
| 马 XX | 销售部 | 销售部员工 | 完善员工福利制度，将关怀落到实处 |
| 刘 XX | 项目部 | 项目部经理 | 建立完善的培训制度，为新员工提供晋升环境 |

> 前 3 列宽松，最后一列紧凑，分配不合理

## 企业发展意见汇总表

| 姓名 | 部门 | 职位 | 意见 |
|---|---|---|---|
| 王XX | 销售部 | 销售经理 | 加大销售型人才的引进，分工到位 |
| 李XX | 后勤部 | 后勤部部长 | 正确用人，大胆授权，职责明确，用人不疑 |
| 周XX | 策划部 | 策划部主任 | 加强对基层员工的培养，提升策划能力 |
| 马XX | 销售部 | 销售部员工 | 完善员工福利制度，将关怀落到实处 |
| 刘XX | 项目部 | 项目部经理 | 建立完善的培训制度，为新员工提供晋升环境 |

减小前 3 列列宽，适当增大最后一列列宽，既美观又合理

## 4　表格内容的对齐方式

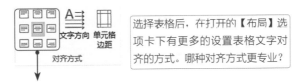

选择表格后，在打开的【布局】选项卡下有更多的设置表格文字对齐的方式。哪种对齐方式更专业？

| 靠上两端对齐 | 靠上居中对齐 | 靠上右对齐 |
|---|---|---|
| 中部两端对齐 | 水平居中 | 中部右对齐 |
| 靠下两端对齐 | 靠下居中对齐 | 靠下右对齐 |

## 销售情况表

| 序号 | 书名 | 简介 | 销售数量 | 单价 | 总销售额 |
|---|---|---|---|---|---|
| 1 | 《Excel 2016 办公应用从入门到精通》 | 来自专家多年研究结果的高手支招，揭秘高效玩转 Excel 的实质 | 5500 | 59.00 | 324,500.00 |
| 2 | 《Photoshop CC 从入门到精通》 | 以原创经典案例为核心，全面呈现 Photoshop 的核心功能 | 5900 | 69.00 | 407,100.00 |
| 3 | 《Office 2016 办公应用从入门到精通》 | 汇聚 10 年教学经验，指引从入门到精通全过程 | 4800 | 69.00 | 331,200.00 |
| 4 | 《AutoCAD 2017 从入门到精通》 | 重实战、重应用，成功案例分析，让读者快速上手并应用 | 3700 | 59.00 | 218,300.00 |
| 5 | 《电脑办公从入门到精通》 | 大量源自实际工作的典型案例，通过细致的讲解，与读者需求紧密吻合 | 4600 | 59.00 | 271,400.00 |

全部设置为【水平居中】，文字较多时，显得混乱

## 销售情况表

| 序号 | 书名 | 简介 | 销售数量 | 单价 | 总销售额 |
|---|---|---|---|---|---|
| 1 | 《Excel 2016 办公应用从入门到精通》 | 来自专家多年研究结果的高手支招，揭秘高效玩转 Excel 的实质 | 5500 | 59.00 | 324,500.00 |
| 2 | 《Photoshop CC 从入门到精通》 | 以原创经典案例为核心，全面呈现 Photoshop 的核心功能 | 5900 | 69.00 | 407,100.00 |
| 3 | 《Office 2016 办公应用从入门到精通》 | 汇聚 10 年教学经验，指引从入门到精通全过程 | 4800 | 69.00 | 331,200.00 |
| 4 | 《AutoCAD 2017 从入门到精通》 | 重实战，重应用，成功案例分析，让读者快速上手并应用 | 3700 | 59.00 | 218,300.00 |
| 5 | 《电脑办公从入门到精通》 | 大量源自实际工作的典型案例，通过细致的讲解，与读者需求紧密吻合 | 4600 | 59.00 | 271,400.00 |

序号、编号类数据通常设置为【水平居中】对齐

文字较多的通常设置为【中部两端对齐】

数据类或包含相同小数位数的单元格可设置为【中部右对齐】

## 5 表格宽度合理

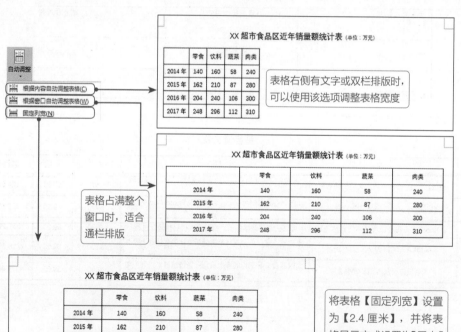

表格右侧有文字或双栏排版时，可以使用该选项调整表格宽度

表格占满整个窗口时，适合通栏排版

将表格【固定列宽】设置为【2.4 厘米】，并将表格显示方式设置为【居中】

## 6 美化表格

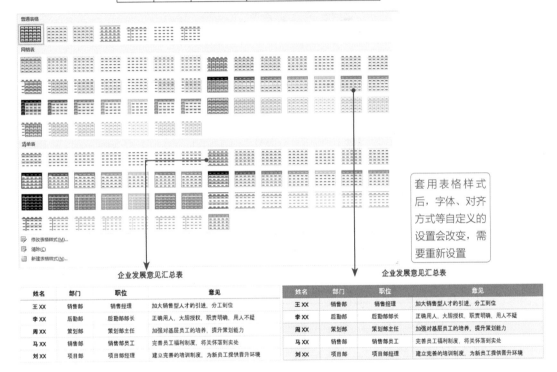

企业发展意见汇总表

| 姓名 | 部门 | 职位 | 意见 |
|------|------|------|------|
| 王XX | 销售部 | 销售经理 | 加大销售型人才的引进，分工到位 |
| 李XX | 后勤部 | 后勤部部长 | 正确用人，大胆授权，职责明确，用人不疑 |
| 周XX | 策划部 | 策划部主任 | 加强对基层员工的培养，提升策划能力 |
| 马XX | 销售部 | 销售部员工 | 完善员工福利制度，将关怀落到实处 |
| 刘XX | 项目部 | 项目部经理 | 建立完善的培训制度，为新员工提供晋升环境 |

套用表格样式后，字体、对齐方式等自定义的设置会改变，需要重新设置

企业发展意见汇总表

| 姓名 | 部门 | 职位 | 意见 |
|------|------|------|------|
| 王XX | 销售部 | 销售经理 | 加大销售型人才的引进，分工到位 |
| 李XX | 后勤部 | 后勤部部长 | 正确用人，大胆授权，职责明确，用人不疑 |
| 周XX | 策划部 | 策划部主任 | 加强对基层员工的培养，提升策划能力 |
| 马XX | 销售部 | 销售部员工 | 完善员工福利制度，将关怀落到实处 |
| 刘XX | 项目部 | 项目部经理 | 建立完善的培训制度，为新员工提供晋升环境 |

企业发展意见汇总表

| 姓名 | 部门 | 职位 | 意见 |
|------|------|------|------|
| 王XX | 销售部 | 销售经理 | 加大销售型人才的引进，分工到位 |
| 李XX | 后勤部 | 后勤部部长 | 正确用人，大胆授权，职责明确，用人不疑 |
| 周XX | 策划部 | 策划部主任 | 加强对基层员工的培养，提升策划能力 |
| 马XX | 销售部 | 销售部员工 | 完善员工福利制度，将关怀落到实处 |
| 刘XX | 项目部 | 项目部经理 | 建立完善的培训制度，为新员工提供晋升环境 |

## 2.7 玩转 Word 表格边框

想要表格看起来更美观，还能根据需求随机应变，就要懂得调整表格边框，下面就来看看高手

是如何玩转 Word 表格边框的。

## 1 手动绘制边框

常规设置边框的方法是选择表格后，打开【边框和底纹】对话框进行设置。Word 2016 提供了更便捷的快速设置边框的方法。选中表格，在【边框】组中即可设置边框样式。

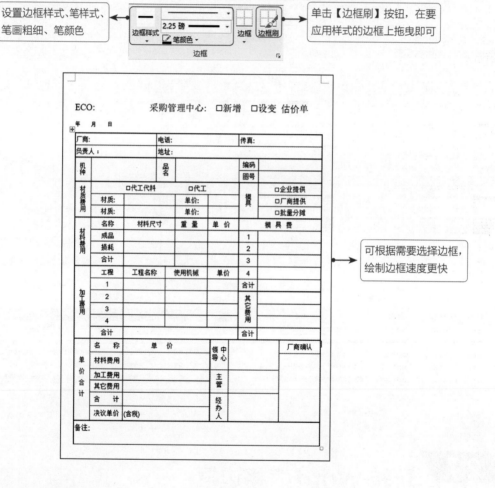

设置边框样式、笔样式、笔画粗细、笔颜色

单击【边框刷】按钮，在要应用样式的边框上拖曳即可

可根据需要选择边框，绘制边框速度更快

## 2 单独移动表格框线

在 Word 表格调整列宽时，表格所有的竖线都是联动的，选择任意一行的竖线，整列竖线会一

起移动，如果要调整部分竖线，怎么办？

　　首先需要选择要移动部分竖线所在的单元格或单元格区域，然后可以分别调整所选单元格区域的3条竖线。

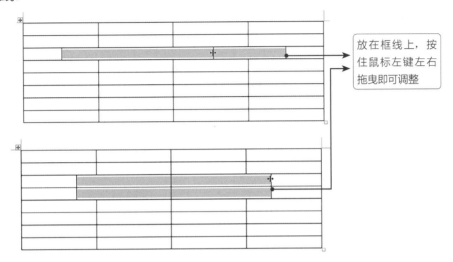

放在框线上，按住鼠标左键左右拖曳即可调整

选择单元格区域，只需要拖曳鼠标即可，但怎样仅选择一个单元格呢？

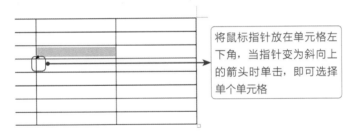

将鼠标指针放在单元格左下角，当指针变为斜向上的箭头时单击，即可选择单个单元格

## 3　表格边框对不齐

　　修改别人的表格时，有时会遇到无论向左还是向右移动竖线，都会差那么一点点对不齐的情况，实际上，按住【Alt】键调整竖线，即可将其对齐。

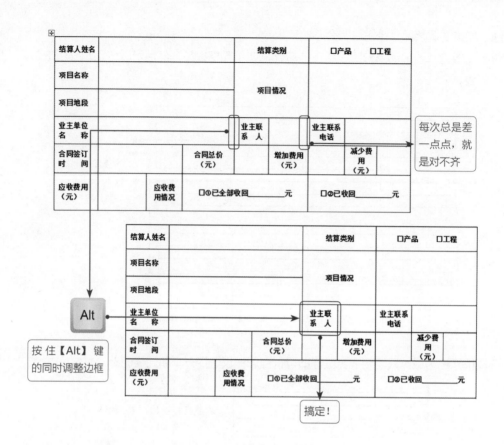

按住【Alt】键的同时调整边框

每次总是差一点点，就是对不齐

搞定！

## ④ 在表格前添加空行

将鼠标光标定位至第一个单元格最开始的位置，按【Enter】键，此方法仅适用于表格在文档最顶端位置时

或者将鼠标光标放置在第一行的任意位置，按【Ctrl+Shift+Enter】组合键

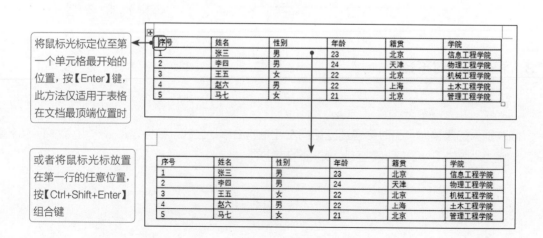

# 5　利用表格排版特殊页面

在排版过程中对版面有特殊要求，可以使用表格灵活排版，最常见的就是使用表格进行双栏排版。

使用表格排版图片和文字内容

# 2.8 表头处理技法

表头是表格中重要的组成部分，清晰的表头可以显示更多的信息，让表格更专业、易懂。

## 1 绘制斜线表头

表格中经常会使用各种特殊的框线，那么怎样绘制这类框线呢？先看看下面的几个表格。

年度销量表（单位：元）

| | 一季度 | 二季度 | 三季度 | 四季度 |
|---|---|---|---|---|
| 张三 | 25 | 45 | 54 | 35 |
| 李四 | 80 | 87 | 67 | 85 |
| 王五 | 78 | 45 | 52 | 58 |
| 赵六 | 48 | 90 | 57 | 75 |

年度销量表（单位：元）

| 季度<br>姓名 | 一季度 | 二季度 | 三季度 | 四季度 |
|---|---|---|---|---|
| 张三 | 25 | 45 | 54 | 35 |
| 李四 | 80 | 87 | 67 | 85 |
| 王五 | 78 | 45 | 52 | 58 |
| 赵六 | 48 | 90 | 57 | 75 |

单斜线表头

年度销量表（单位：元）

| 季度<br>姓名　销量 | 一季度 | 二季度 | 三季度 | 四季度 |
|---|---|---|---|---|
| 张三 | 25 | 45 | 54 | 35 |
| 李四 | 80 | 87 | 67 | 85 |
| 王五 | 78 | 45 | 52 | 58 |
| 赵六 | 48 | 90 | 57 | 75 |

双斜线表头

（1）绘制单斜线表头。

方法一：

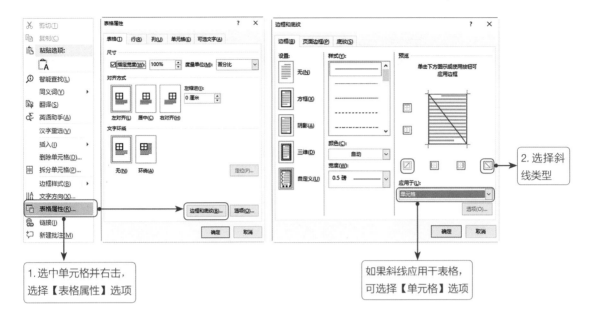

1.选中单元格并右击，
选择【表格属性】选项

2.选择斜
线类型

如果斜线应用于表格，
可选择【单元格】选项

方法二:

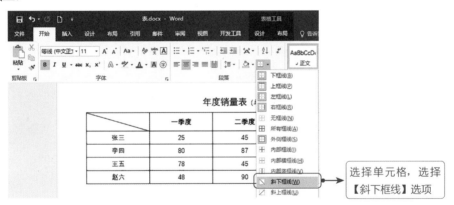

选择单元格，选择
【斜下框线】选项

方法三:

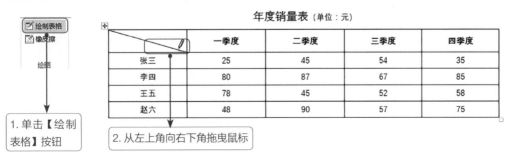

1.单击【绘制
表格】按钮

2.从左上角向右下角拖曳鼠标

（2）绘制多斜线表头。

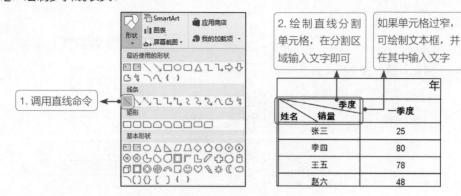

## 2 每一页均显示表头内容

　　跨页表格要显示表头，是不是要先复制表头，然后在每一页表格第一行粘贴？如果前面删除或增加一行，再重新修订。这样太麻烦了！使用 Word 提供的【在各页顶端以标题行形式重复出现】功能就可以轻松解决。

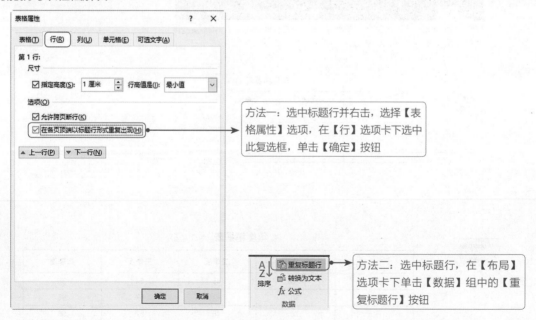

高手自测 1

学习了本章的内容后，先来简单的测试一下吧。如果能快速完成下面的基础操作，表明你已经具备了成为高手的潜质，可以开始下一章的学习；如果完不成，不妨先分析下原因，再认真地巩固一下基础知识。可以先打开"素材\ch02\高手自测\高手自测.docx"文档，并完成下面的操作。扫描右侧的二维码，即可查看注意事项及操作提示，最终结果可以参阅"结果\ch02\高手自测.docx"文档。

**高手点拨**

（1）素材是一份公司销售报告文档，首先将非自动编号的序号使用最快捷的方法删除。

---

**一、家电行业 2017 年现状**

近几年来，国内大家电市场趋于饱和，市场上表现出来的供求矛盾日显突出。主要表现在一下几个方面。

1. 1.供给相对过剩
2. 2.家电生产企业经营状况出现明显分化
3. 3.家电销售渠道和价格决定机制发生了根本变化
4. 4.来自国际品牌的压力不断增大
5. 5.企业对服务顾客满意越来越重视

---

**一、家电行业 2017 年现状**

近几年来，国内大家电市场趋于饱和，市场上表现出来的供求矛盾日显突出。主要表现在一下几个方面。

1. 供给相对过剩
2. 家电生产企业经营状况出现明显分化
3. 家电销售渠道和价格决定机制发生了根本变化
4. 来自国际品牌的压力不断增大
5. 企业对服务顾客满意越来越重视

---

（2）将表格中第 4 行的行高调整为"1 厘米"，并将表格下方的空白页删除。

**二、XX 销售公司 2017 年家用电器销售情况**

由于市场的不断变化，要求我们公司员工能够适应市场潮流，迎接机遇与挑战，XX 销售公司 2016 年、2017 年家用电器销售情况如下表所示（单位：台）。

| 年份 产品 | 2016 年 | 2017 年 |
|---|---|---|
| 电冰箱 | 1800 | 2450 |
| 空调 | 3500 | 4000 |
| 洗衣机 | 2400 | 3600 |
| 热水器 | 1800 | 2500 |
| 吸尘器 | 5400 | 8000 |

（3）为下表第一行第一列的单元格添加单斜线表头，并设置表格外框线宽度为"1.5 磅"。

## 二、XX 销售公司 2017 年家用电器销售情况

由于市场的不断变化，要求我们公司员工能够适应市场潮流，迎接机遇与挑战，XX 销售公司 2016 年、2017 年家用电器销售情况如下表所示（单位：台）。

| 年份<br>产品 | 2016 年 | 2017 年 |
|---|---|---|
| 电冰箱 | 1800 | 2450 |
| 空调 | 3500 | 4000 |
| 洗衣机 | 2400 | 3600 |
| 热水器 | 1800 | 2500 |
| 吸尘器 | 5400 | 8000 |

（4）在表格最后添加一列输入标题"销售总量"，并在下方计算两年销售总台数，之后根据需要修改边框。

## 二、XX 销售公司 2017 年家用电器销售情况

由于市场的不断变化，要求我们公司员工能够适应市场潮流，迎接机遇与挑战，XX 销售公司 2016 年、2017 年家用电器销售情况如下表所示（单位：台）。

| 年份<br>产品 | 2016 年 | 2017 年 | 销售总量 |
|---|---|---|---|
| 电冰箱 | 1800 | 2450 | 4250 |
| 空调 | 3500 | 4000 | 7500 |
| 洗衣机 | 2400 | 3600 | 6000 |
| 热水器 | 1800 | 2500 | 4300 |
| 吸尘器 | 5400 | 8000 | 13400 |

# 3

# 定海神针：科学的排版流程

科学的排版流程是一根定海神针，轻松解决排版过程中出现的"妖魔鬼怪"。

美观、别具一格的版面，更能吸引读者。

科学排版流程＋"高大上"的技巧＝专业、高效的排版。

科学的排版流程如下图所示。

## 3.1 确定主题：确定文档的排版要求

排版第一件事就是确定主题，不仅包含封面的主题，还包含正文内容的主题。

## 3.1.1 确定主题的方法

需要确定的主题是什么？到底如何确定主题？

我是这里说的主题，主要是确定哪些内容在排版时需重点突出

我是【设计】选项卡下的主题，第 3 步时再确定

我是论文、公文、标书等有固定主题及排版要求的文档，可以跳过科学排版流程的前两步

　　没有明确要求主题的文档，需要根据文档的性质来确定主题，不同的文档，要表达的主题是不同的。下面要做的就是筛选并突出显示文档排版后的重点——确定主题。

## 1 封面主题的确定

（1）正式文档封面排版。

正式文档的封面以简单、得体为主，不要太复杂

封面突出报告的名称、时间

可以将摘要内容放至封面，读者能快速了解报告内容

（2）非正式文档封面排版。

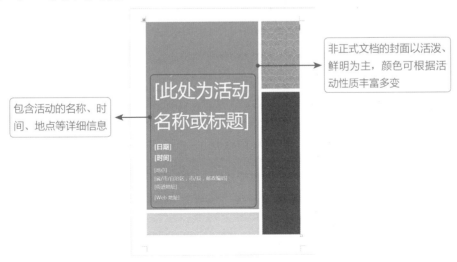

非正式文档的封面以活泼、鲜明为主，颜色可根据活动性质丰富多变

包含活动的名称、时间、地点等详细信息

# 2 正文主题的确定

看看下面的两张图，哪一张主题更明确呢？

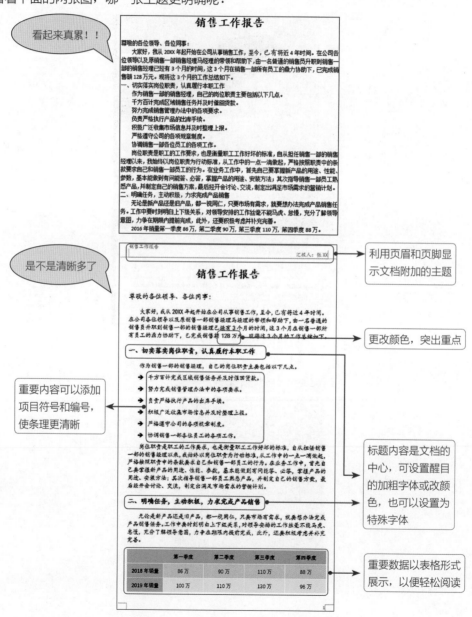

看起来真累！！

是不是清晰多了

利用页眉和页脚显示文档附加的主题

更改颜色，突出重点

重要内容可以添加项目符号和编号，使条理更清晰

标题内容是文档的中心，可设置醒目的加粗字体或改颜色，也可以设置为特殊字体

重要数据以表格形式展示，以便轻松阅读

本节以排版一份产品功能说明书为例，从封面和正文内容两方面了解文档排版的方法。

**①　封面主题的确定**

产品说明书是一类正式的文档，封面要色彩鲜明、突出，但不宜花哨。

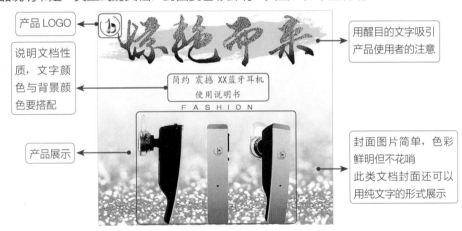

**②　内容主题的确定**

内容主题主要是确定文档中的重要内容，并按照不同级别设置不同的字体和段落样式。

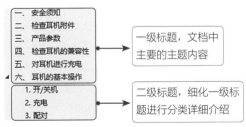

## 3.2 草图设计：在纸上或使用 Photoshop 设计版面

确定主题后，还需对版面进行草图设计，主要是确定版面如何布局。

### 3.2.1 草图设计的方法

草图设计主要是策划版面包含哪些项目、是否多栏排版、图放在哪、段落间距是紧密还是松散，以及行间距怎样设置最直观等。

知识回顾

### 1 页边距

①页边距合理，文档排版效果得体、大气。
②在【上】【下】【左】【右】页边距中可以输入辅助读者查阅的信息。
③需要装订的文档，页边距太窄，不利于装订。
④页边距太宽会浪费纸张

## ② 页面项目

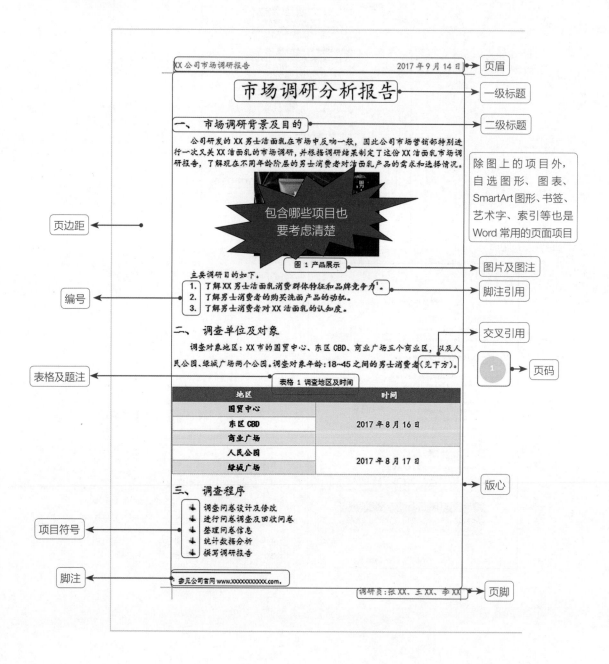

除图上的项目外,自选图形、图表、SmartArt图形、书签、艺术字、索引等也是Word常用的页面项目

## ③ 是否多栏排版

一、 检查耳机的兼容性

　　此款耳机与大多数支持蓝牙耳机协议的蓝牙手机等设备兼容。请通过登录您所使用的手机生产商网站确认手机兼容性。

　　多功能键：开机、关机、配对、接听、挂机、语音拨号、拒听来电、切换通话、末位重拨。

二、 对耳机进行充电

　　本耳机内嵌可充电式聚合物锂电池，第一次使用时请先将电池充满电。

　　请使用USB充电座连接蓝牙耳机和PC或者USB（5V/500mA）旅行充电器进行充电。

　　警告：请不要用其他非指定的充电器进行充电。非指定的充电器可能会损坏该蓝牙耳机。

> 单栏排版条理清晰，适合文字较多的文档

---

一、 检查耳机的兼容性

　　此款耳机与大多数支持蓝牙耳机协议的蓝牙手机等设备兼容。请通过登录您所使用的手机生产商网站确认手机兼容性。

　　多功能键：开机、关机、配对、接听、挂机、语音拨号、拒听来电、切换通话、末位重拨。

二、 对耳机进行充电

　　本耳机内嵌可充电式聚合物锂电池，第一次使用时请先将电池充满电。

　　请使用USB充电座连接蓝牙耳机和PC或者USB（5V/500mA）旅行充电器进行充电。

　　警告：请不要用其他非指定的充电器进行充电。非指定的充电器可能会损坏该蓝牙耳机。

> 双栏排版既简洁大方，又节约版面，适合图片较多的文档

---

一、 检查耳机的兼容性

　　此款耳机与大多数支持蓝牙耳机协议的蓝牙手机等设备兼容。请通过登录所使用的手机生产商网站确认手机兼容性。

　　多功能键：开机、关机、配对、接听、挂机、语音拨号、拒听来电、切换通话、末位重拨。

二、 对耳机进行充电

　　本耳机内嵌可充电式聚合物锂电池，第一次使用时请先将电池充满电。

　　请使用USB充电座连接蓝牙耳机和PC或者USB（5V/500mA）旅行充电器进行充电。

　　警告：请不要用其他非指定的充电器进行充电。非指定的充电器可能会损坏该蓝牙耳机。

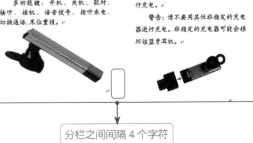

> 分栏之间间隔 4 个字符

---

一、 检查耳机的兼容性

　　此款耳机与大多数支持蓝牙耳机协议的蓝牙手机等设备兼容。请通过登录所使用的手机生产商网站确认手机兼容性。

　　多功能键：开机、关机、配对、接听、挂机、语音拨号、拒听来电、切换通话、末位重拨。

二、 对耳机进行充电

　　本耳机内嵌可充电式聚合物锂电池，第一次使用时请先将电池充满电。

　　请使用USB充电座连接蓝牙耳机和PC或者USB（5V/500mA）旅行充电器进行充电。

　　警告：请不要用其他非指定的充电器可能会损坏该蓝牙耳机。

> 分栏之间间隔 2 个字符，添加分割线

# 4 图放在哪

嵌入型(I)
四周型(S)
紧密型环绕(T)
穿越型环绕(H)
上下型环绕(O)
衬于文字下方(D)
浮于文字上方(N)

## 嵌入型

一、 市场调研背景及目的

公司研发的 XX 男士洁面乳在市场中反响一般，因此公司市场营销部特别进

行一次又关 XX 洁面乳　　　　　　的市场调研，并
根据调研结果制定了这份 XX 洁面乳市场调研报告，目的就是了解现在不同年龄
阶层的男士洁面乳消费群体特征和品牌竞争力。主要调研目的如下。
1. 了解 XX 男士洁面乳消费群体特征和品牌竞争力。
2. 了解男士消费者的购买洗面产品的动机。
3. 了解男士消费者对 XX 洁面乳的认知度。
4. 调查 XX 洁面乳销量下滑的原因。

## 四周型

一、 市场调研背景及目的

公司研发的 XX 男士洁面乳在市场中反响一般，因此公司市场营销部特别进
行一次又关 XX 洁面
乳的市场调研，
并根据调研结果制
洁面乳市场调研报
了解现在不同年龄
费者对洁面乳产品
情况。主要调研目的
1. 了解 XX 男
群体特征和
2. 了解男士消
面产品的动
3. 了解男士消费者对 XX 洁面乳的认知度。
4. 调查 XX 洁面乳销量下滑的原因。

定了这份 XX
告，目的就是
阶层的男士消
的需求和选择
如下。
士洁面乳消费
品牌竞争力。
费者的购买洗
机。

图片为规则图片时，如方形、圆形，紧密型环绕和穿越型环绕效果是一样的

## 紧密型环绕

一、 市场调研背景及目的

公司研发的 XX 男士洁面乳在市场中反响一般，因此公司市场营销部特别进
行一次又关 XX 洁面乳的市
果制定了这份 XX 洁面乳
的就是了解现在不同
士消费者对洁面乳
选择情况。主要调研
1. 了解 XX 男
群体特征和
2. 了解男士消
产品的动机。
3. 了解男士消费者对 XX
4. 调查 XX 洁面乳销量下滑的原因。

场调研，并根据调研结
市场调研报告，目
年龄阶层的男士
产品的需求和
目的如下。
士洁面乳消费
品牌竞争力。
费者的购买洗面
洁面乳的认知度。

## 穿越型环绕

一、 市场调研背景及目的

公司研发的 XX 男士洁面乳在市场中反响一般，因此公司市场营销部特别进
行一次又关 XX 洁面乳的市
果制定了这份 XX 洁面乳
的就是了解现在不同
士消费者对洁面乳
选择情况。主要调研
1. 了解 XX 男
群体特征和
2. 了解男士消
产品的动机。
3. 了解男士消费者对 XX
4. 调查 XX 洁面乳销量下滑的原因。

场调研，并根据调研结
市场调研报告，目
年龄阶层的男士
产品的需求和
目的如下。
士洁面乳消费
品牌竞争力。
费者的购买洗面
洁面乳的认知度。

浮于文字上方(N)
编辑环绕顶点(E)
✓ 随文字移动(M)

区别在这里

浮于文字上方(N)
编辑环绕顶点(E)
✓ 随文字移动(M)

一、 市场调研背景及目的

公司研发的 XX 男士
般，因此公司市场营销部
XX 洁面乳的市场调研，
制定了这份 XX 调研报
告，目的就是了解现
层的男士消费者对
需求和选择情况。主
下。
1. 了解 XX 男士
特征和品牌竞
2. 了解男士消费者的购
3. 了解男士消费者对 XX 洁面乳的认知度。
4. 调查 XX 洁面乳销量下滑的原因。

洁面乳在市场中反响一
特别进行一次又关
并根据调研结果
乳市场调研报告，
在不同年龄阶
洁面乳产品的
要调研目的如
士洁面乳消费群体
买洗面产品的动机。

一、 市场调研背景及目的

公司研发的 XX 男士洁面乳在
司市场营销部特别进行一次
场调研，并根据调研结
现在不同年龄阶层的男士
对洁面乳产品的需
主要调研目的如下。
1. 了解 XX 男
群体特征和
2. 了解男士消费者
的动机。
3. 了解男士消费者对 XX 洁面乳的认知度。
4. 调查 XX 洁面乳销量下滑的原因。

市场中　　反响一般，因此公
又关 XX 洁面乳的市
果制定了这份 XX 洁
告，目的就是了解
的男士消费者
求和选择情况
士洁面乳消费
者的购买洗面产品

### 上下型环绕

### 衬于文字下方

### 浮于文字上方

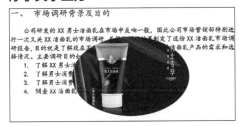

## 5 段落紧密还是松散

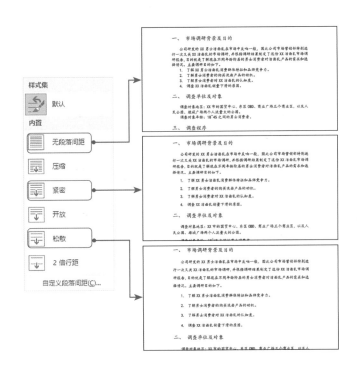

排版产品使用说明书后，需要将资料打印、装订并随产品一起封装，因此，页面不宜过大，并且页边距要适合装订需要。具体要求如下图所示。

段落设置
文字内容较多的文本，建议段落间距可以宽松，便于阅读。

页边距
纸张大小可以根据需要设置。
该文档需要打印，页边距不宜太窄。

页面内容
大部分以文字为主，搭配适量图片、表格。

图片位置
图片要显示在与内容有关的位置，建议使用四周型。

是否多栏排版
建议在正式排版时根据内容选择。可以全部双栏或单双栏混合排版。

策划版面

**① 设置页边距及页面大小**

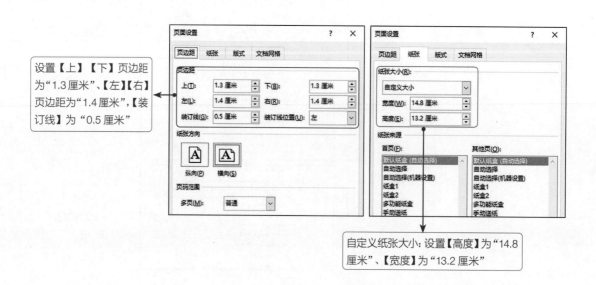

设置【上】【下】页边距为"1.3厘米"、【左】【右】页边距为"1.4厘米"，【装订线】为"0.5厘米"

自定义纸张大小：设置【高度】为"14.8厘米"、【宽度】为"13.2厘米"

表格

页眉位置：显示文档及公司名称

一级标题：楷体、小四、加粗；段前1行、段后1行

图片：四周型

正文：楷体、11号；行距为固定值，20磅

页脚位置：显示页码

提示、注意文本：楷体、11号、加粗、红色

项目符号

二级标题：楷体、11号、加粗；行距为固定值，20磅

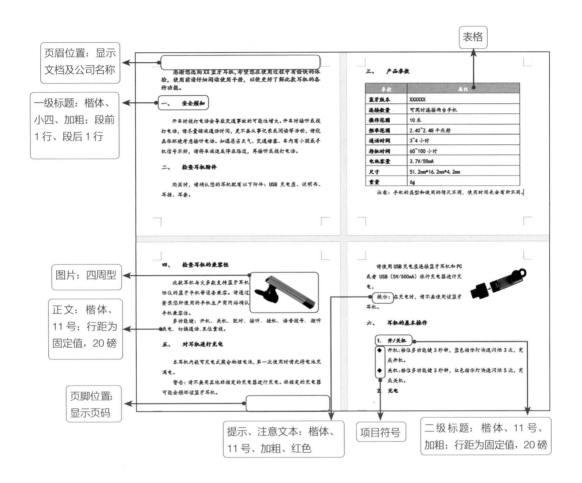

# 3.3 生成模板：使用 Word 进行设计和细化

确定了主题并完成策划后，即可对 Word 内容进行设计和细化，主要包括为文档项目创建样式、选择合适的 Office 主题。

使用样式既可以直接使用系统内置的样式，也可以自定样式并将其应用至文档中。选择 Office 主题可以使文档中各类项目，如表格、自选图形等色彩搭配合理，看起来更美观。

**抗议！**

我是段落组组长，我代表字体组、插图组、表格组、符号组等提出抗议！我们从这一步就要开始干活了，为什么都不提我们？

对于非初级的读者，设置字体、段落等简单的操作，这里就不赘述了

## 1 设计及使用样式

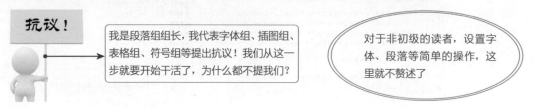

我是内置样式，我的优势有以下几个方面。

• 全文格式统一，排版效果美观。

• 一次修改，全文更新。

• 样式中包含的大纲级别设置是生成目录的前提。

内置样式缺点有以下几点。

• 不一定符合你的要求。

• 使用到的样式不多。

可以根据需要自定义样式

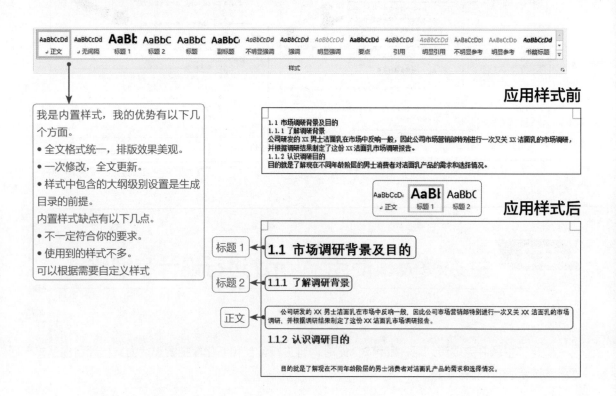

我是自定义样式，保留了内置样式的全部优势，但我更灵活、多变，特别适合于长文档

## 2 显示更多内置样式

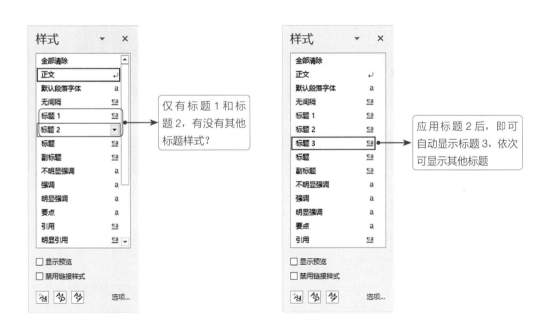

仅有标题1和标题2，有没有其他标题样式？

应用标题2后，即可自动显示标题3，依次可显示其他标题

## 3 应用 Office 主题

Office 主题不仅包括主题类型，还包括文档格式、主题颜色、字体等。如果对色彩不敏感，或者不懂得配色，导致文档排版看起来"俗气"，不妨试试应用 Office 主题

（1）主题类型适合颜色较多的文档。

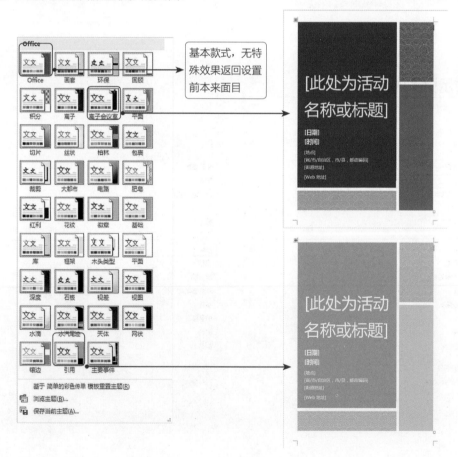

（2）文档格式适合文字较多的文档。

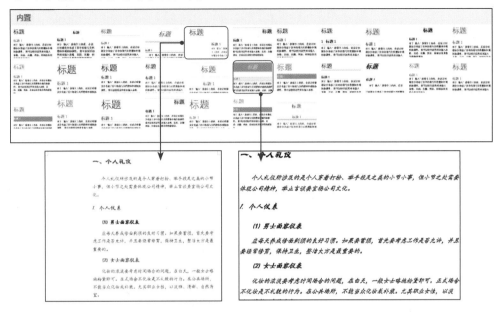

（3）主题颜色负责文档中项目颜色的合理搭配。

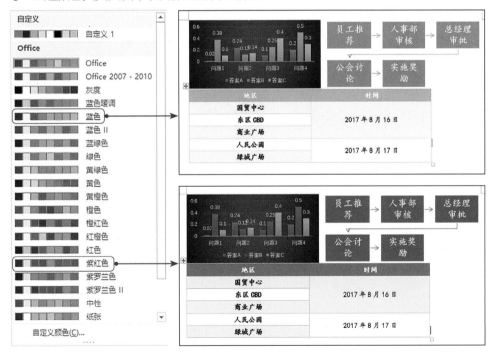

## 3.3.2 实践——生成产品功能说明书文档模板

本节主要介绍自定义样式的相关操作。可以打开"素材\ch03\使用说明书.docx"文档，按照主题和策划完成样式的设置。

### 1 新建样式的两种方法

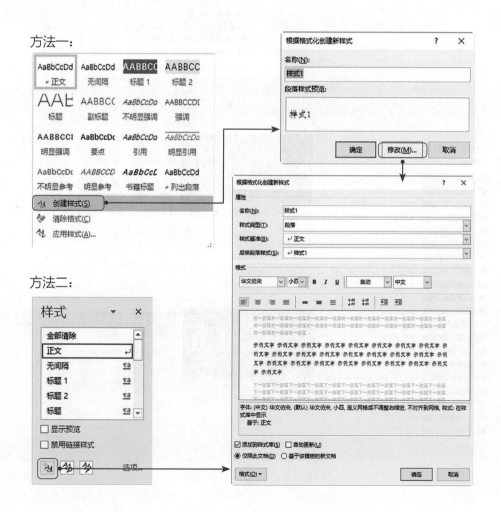

## 2 设置样式

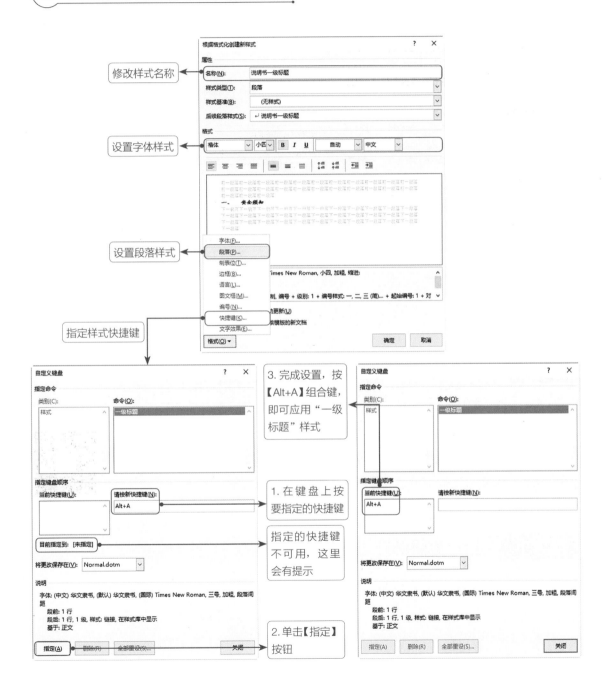

修改样式名称

设置字体样式

设置段落样式

指定样式快捷键

3. 完成设置，按【Alt+A】组合键，即可应用"一级标题"样式

1. 在键盘上按要指定的快捷键

指定的快捷键不可用，这里会有提示

2. 单击【指定】按钮

**3 将设置好格式的内容指定为样式**

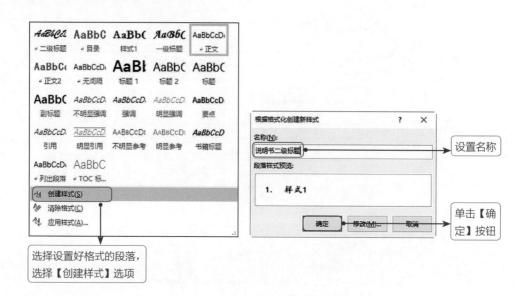

选择设置好格式的段落，
选择【创建样式】选项

设置名称

单击【确定】按钮

## 3.4  精准排版：对添加或现有的文档内容排版

前面的步骤完成之后，即可开始正式排版，Word 排版可以先整理文字及其他内容后再排版，也可以边输入边排版，要确保排版过程精确、准确。

教学视频

### 3.4.1  精准排版的方法

对于已有的文档，可以直接应用样式并美化文档内容。边输入边排版是指将样式设置完成后，边输入文字边应用样式美化文档内容。

## 1 应用样式

格式刷在短文档中效率更高，样式更适合长文档。

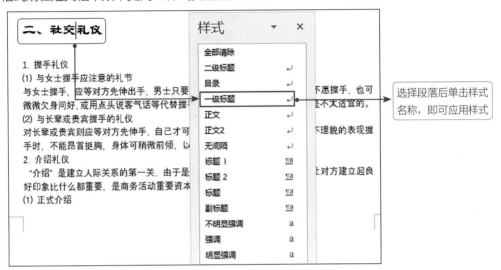

选择段落后单击样式名称，即可应用样式

## 2 分页

**使用空行分页**

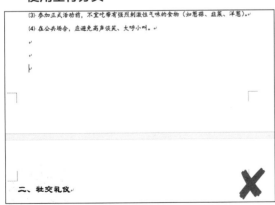

缺点：添加内容后，空行会移至下一页，删除文字后，下一页内容会移至上一页

**使用分页符分页**

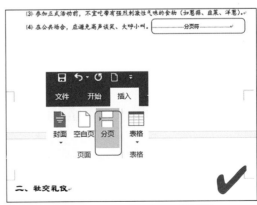

优势：在分页符上方添加或删除文字，下一页内容始终会另起一页显示

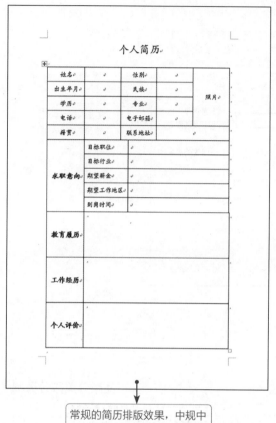

常规的简历排版效果，中规中矩，没有失误，但效果不突出

是不是让你眼前一亮？这样的一份简历，定能吸引 HR 的注意，增大求职成功率

## 3.4.2 实践——精准排版产品功能说明书文档内容

正式排版包括输入内容、应用样式、美化图片、美化表格、设置双栏等操作，相关的设置操作将在后面的章节中详细介绍，这里就不过多的讲解。下图是排版后的效果。

案例分析

**排版后效果**

为各级标题应用样式

美化表格样式

图片为"四周型"，并设置图片效果

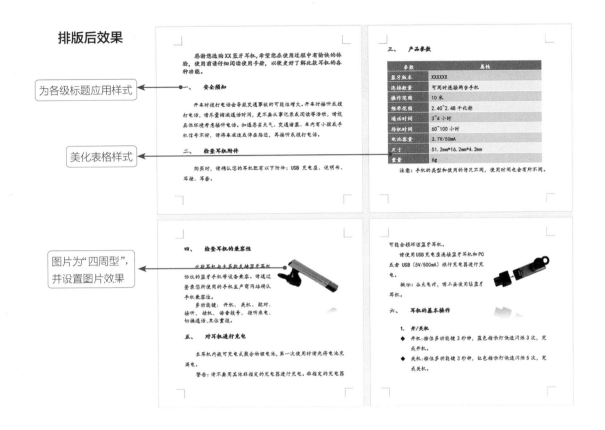

## 3.5 技术设置：自动编号及页眉页脚的设计

教学视频

技术设置主要是排版中一些有关 Word 操作的高级技术，掌握这些技术，可以使排版更便捷、专业、高效。

### 3.5.1 技术设置的方法

通过编号和项目符号可以使文档条理清晰，便于读者厘清作者思路，容易阅读，而页眉和页脚的设计不仅使文档看起来专业，还能传递更多文档中无法表达的信息，如作者名称、单位名称、页码等，有关技术的种类如下图所示，相关操作会在第 5 章详细介绍。

## 3.5.2　实践——产品功能说明书文档技术设置

自动编号不仅能提高输入文本速度，还便于修改，但有时却很烦人。插入页眉页脚是排版时常遇到的难题。但掌握其原理后，一切都变得很简单。

### 1　开启或关闭自动编号

自动编号的开启或关闭属于对软件本身的设置，需要在【Word 选项】对话框中修改。可以选择【文件】→【选项】选项，打开【Word 选项】对话框，选择【校对】→【自动更正选项】选项，如下图所示。

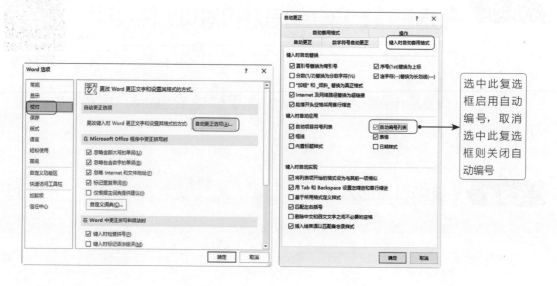

## ② 自动编号的使用技巧

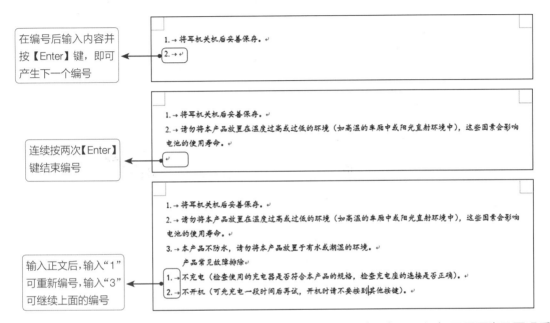

在编号后输入内容并按【Enter】键，即可产生下一个编号

1. → 将耳机关机后妥善保存。
2. →

连续按两次【Enter】键结束编号

1. → 将耳机关机后妥善保存。
2. → 请勿将本产品放置在温度过高或过低的环境（如高温的车厢中或阳光直射环境中），这些因素会影响电池的使用寿命。

输入正文后，输入"1"可重新编号，输入"3"可继续上面的编号

1. → 将耳机关机后妥善保存。
2. → 请勿将本产品放置在温度过高或过低的环境（如高温的车厢中或阳光直射环境中），这些因素会影响电池的使用寿命。
3. → 本产品不防水，请勿将本产品放置于有水或潮湿的环境。
　　产品常见故障排除
1. → 不充电（检查使用的充电器是否符合本产品的规格，检查充电座的连接是否正确）。
2. → 不开机（可充电一段时间后再试，开机时请不要按到其他按键）。

添加页眉和页脚、目录的相关内容将会在第 5 章详细介绍，这里仅展示添加页眉页脚及页码后的效果。

创建的目录效果

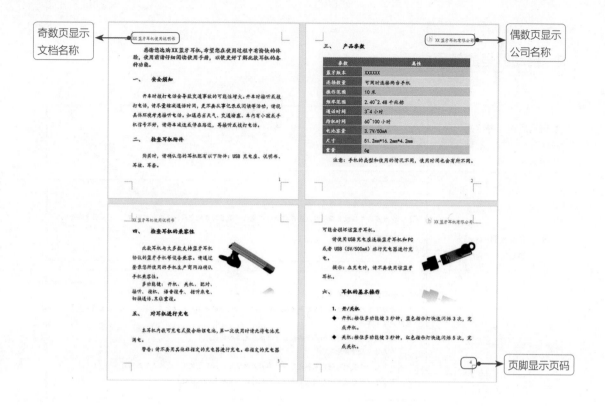

页脚显示页码

# 后期处理：文档的完善、检阅及输出打印

后期处理是排版文档的最后一步，重点在于检查纰漏并将核对无误的文档用恰当的形式存储，便于查看和分享。

教学视频

## 3.6.1 后期处理的方法

后期处理主要包括对文档的完善、检阅，打印或输出为 PDF 等其他格式。如果这种类型的文档后期经常用到，还可以将其另存为模板，以便以后直接使用。

PDF 优势
①不安装 Word 也能查看，传播更方便。
②防止他人修改文档。
③版式固定，表达更准确。
④更容易被打印

.dotx 格式模板优势
①无须设置格式，省时省力。
②重复使用，效率高

## 3.6.2 实践——产品功能说明书文档后期处理

文档排版完成之后，可以根据需要检查并完善文档，如让他人添加修订或批注，然后进行修改，减少文档错误，使文档更专业。修改完成后便可打印或输入文档。

知识回顾

### 1 审阅文档

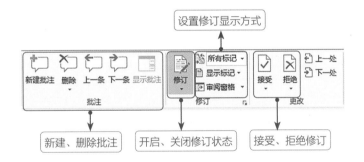

### 2 打印预览及打印

打印预览文档时，预览到的版面效果即是打印出的实际效果，如果版面不理想，可以重新编辑调整。

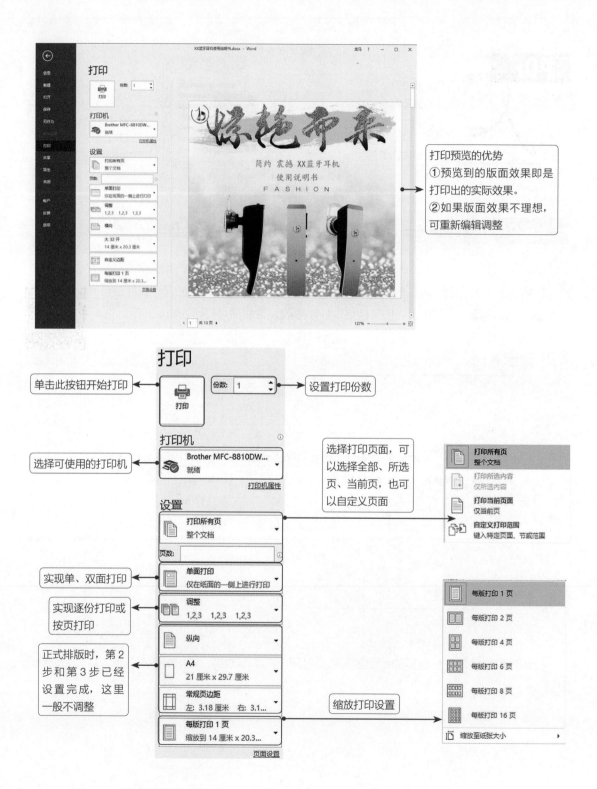

打印预览的优势
①预览到的版面效果即是打印出的实际效果。
②如果版面效果不理想，可重新编辑调整

# 打印

单击此按钮开始打印

设置打印份数

选择可使用的打印机

选择打印页面，可以选择全部、所选页、当前页，也可以自定义页面

打印所有页
整个文档

打印所选内容
仅所选内容

打印当前页面
仅当前页

自定义打印范围
键入特定页面、节或范围

实现单、双面打印

实现逐份打印或按页打印

正式排版时，第2步和第3步已经设置完成，这里一般不调整

缩放打印设置

每版打印 1 页

每版打印 2 页

每版打印 4 页

每版打印 6 页

每版打印 8 页

每版打印 16 页

缩放至纸张大小

## 3 导出 PDF

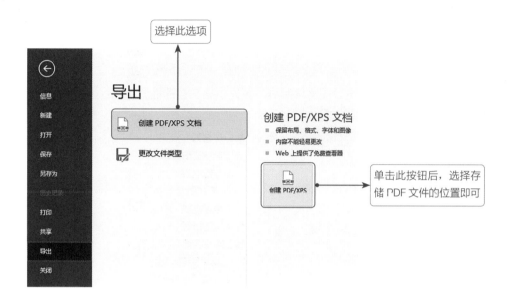

选择此选项

导出

创建 PDF/XPS 文档

更改文件类型

创建 PDF/XPS 文档
- 保留布局、格式、字体和图像
- 内容不能轻易更改
- Web 上提供了免费查看器

创建 PDF/XPS

单击此按钮后，选择存储 PDF 文件的位置即可

## 4 存储为模板

设置【保存类型】为【Word模板（*.dotx）】

高手自测 2

在结束本章之前，不妨先测一下本章的学习效果。如果能快速完成，恭喜你！你已经完成了本章的学习，掌握了科学的排版流程，可以尽情享受下一章的学习乐趣；如果完不成，不妨先分析一下原因，再认真的学习下本章。

可以先打开"素材\ch03\ 高手自测\ 高手自测 .docx"文档，并完成下面的操作。扫描右侧的二维码，即可查看注意事项及操作提示，最终结果可以参阅"结果\ch03\ 高手自测 .docx"文档。

（1）下图所示的素材是一份公司奖惩制度，首先根据文档的性质找到合适的封面背景图片，然后根据基于素材内容确定文档的主题内容。

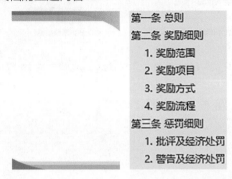

（2）设置【上】【下】页边距为"2.16厘米"、【左】【右】页边距为"2.84厘米"、【纸张大小】为"A4"。

（3）制作文档首页，插入图片并设置封面文字，创建【字体】为"楷体"、【字号】为"三号"、【大纲级别】为"2级"、【段前】为"1行"、【段后】为"0.5行"、【行距】为"1.5倍行距"的【文档标题1】样式；创建【字体】为"楷体"、【字号】为"四号"、【大纲级别】为"3级"、【段前】为"0行"、【段后】为"0.5行"、【行距】为"1.2倍行距"的【文档标题2】样式；创建【字体】为"楷体"、【字号】为"小四"、【段前】为"0.5行"、【段后】为"0行"、【行距】为"单倍行距"的【文档正文】样式。

（4）将设置的样式应用至段落中，并在"奖励流程"和"惩罚流程"下添加合适的图形，将文字添加至图形中。

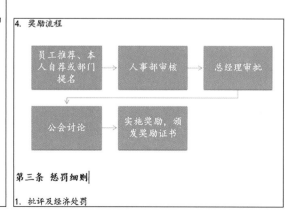

（5）为需要添加编号的段落添加编号样式，并插入页眉和页脚。其中页眉显示公司名称，页脚插入页码，首页不显示页眉和页码。

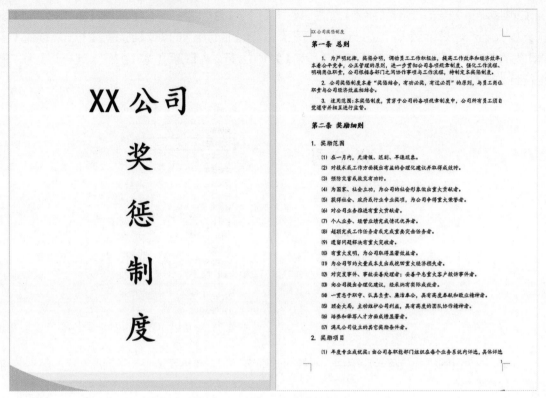

（6）检查无误后，将编辑好的文档打印并导出为 PDF 格式文件。

# 4

# 高手气质：让Word颜值美出新高度

　　这是一个看颜值的时代，无论是网页还是文档，毋庸置疑，内容是第一位的，但第一印象很重要，高贵典雅的气质、美丽的容颜是吸引读者眼球的关键。不美观的版面会降低读者的阅读兴趣。

　　快来掌握 Word 的"化妆术"，让 Word 版面的颜值美出新高度！

## 4.1 好看的文档是这样的

人靠衣裳马靠鞍，好看的文档靠排版。好比穿衣，讲究大方、得体、舒适、美观，这样才能给人留下好印象。

那么什么样的文档才是美观的文档，才能让读者产生视觉上的享受呢？

### 1 版式设计合理

版式设计合理是指文档中页边距、页面大小、页眉页脚的位置合理，同类文本的字体样式、段落样式统一，图片、表格、SmartArt 图形等对象的位置、布局不突兀，整体版式显得大方、得体。

## 2 内容结构合理

内容结构合理首先要求文档的内容准确无误，配图与内容相符。其次，要求将同类的内容组合到一起，并根据内容结构依次展开。最后，对于分类内容，可以使用项目符号和编号列举，但同一文档中项目符号和编号的样式要尽量统一，切勿混用，否则会导致读者思路受阻。

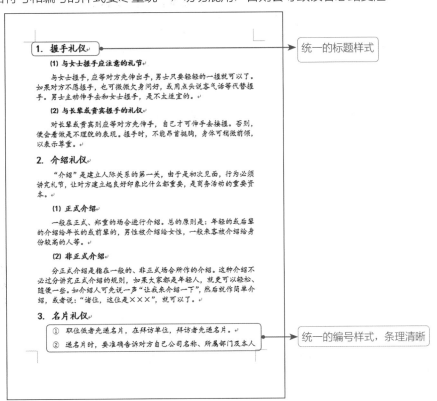

统一的标题样式

统一的编号样式，条理清晰

## 3 色彩搭配合理

色彩对视觉的刺激能第一时间向读者传递信息，之后才是形状等其他属性，因此色彩搭配的好坏是评价文档是否美观的关键。色彩本身并无优劣之分，也就是说，色彩显示效果的美观与否在于搭配。那么怎样搭配才能起到让读者感觉赏心悦目的效果呢？

知识拓展

遇到这样配色的宣传单,你还有购买欲望吗    色彩搭配合理,看起来更舒适

## 4 文字字体合理

文字字体影响着文档的美观程度,是评价文档是否美观的重要因素,那么了解字体的基础知识就必不可少。字体就是文字的各种不同形状,常见的基本汉字字体有宋体、黑体、仿宋、楷体、其他(变体字)几类。

知识拓展

| 字体 | 特点 | 艺术风格 | 应用 |
| --- | --- | --- | --- |
| 宋体 | 横细竖粗、方正典雅、严肃大方 | 端庄、典雅、清正、秀丽 | 多用于标题、正文,是严肃、正式场合文档使用频率较高的字体样式,商用场合使用较少 |
| 黑体 | 横平竖直、笔画较粗 | 醒目、朴素、简洁、无装饰 | 常用于标题、重点导语、标志等,不适合排版正文 |
| 仿宋 | 字身修长、宋楷结合、横斜竖直、间隔均匀 | 清秀、骨力、直率、刚毅 | 多用于引言、注释及说明,常用于封面、包装及报刊等 |
| 楷体 | 形体方正、笔画平直、左右平衡 | 明晰、平稳、匀称、和谐 | 多用于小学课本、杂志或书籍的前言,通常不用于主标题 |
| 其他 | 种类繁多,如圆体、隶书、琥珀体、彩云体、倩体等 | 风格各异、各有千秋、包罗万象 | 多应用于商业场合,如广告等,灵活多变,根据不同的场景选择合适的字体 |

使用字体时应注意以下几点。

①英文和中文是两个字体，永远不要用同一种字体。

②一个版面中文字字体样式不宜过多。

③根据读者对象、文档目的选择合适的字体，儿童读物可选择容易辨识的字体，宣传页、广告设计等可选用炫酷的字体。

字体与图片不搭配，显得死板

切合度更高，表达力更强，看起来更舒服

## 4.2 培养你的版式美感

教学视频

版式设计就是将文档中的各种元素结合到一起，优秀的文档讲究版面设计要舒适、合理、专业，出色的版式设计不仅具有良好的阅读性，还可以提高读者的阅读欲望。因此，排版文档就要注重培养版式的美感。版式设计应具备以下 5 个原则。

### 1 留白原则

在版面设计中，恰到好处的留白能突出关键内容，提升文档的可读性与易读性，这里所谓的留白，并不一定是留下的白色区域，而是文档中环绕于各元素周围的空白空间都属于留白。

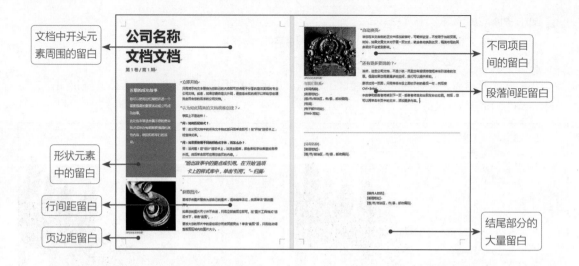

文档中开头元素周围的留白

形状元素中的留白

行间距留白

页边距留白

不同项目间的留白

段落间距留白

结尾部分的大量留白

## ② 紧凑原则

　　紧凑原则和留白原则是不矛盾的，紧凑原则是指将最关键的元素成组地放到一起，或者是将相互关联的内容放置到一起。从而使整个页面各部分的内容看上去更清晰、更具结构化，但过于紧凑则会给人压迫感。

活动时间、地点等信息在左侧组合在一起，读起来顺理成章

相关内容之间行间距紧密

关系密切的文字排列紧凑、相互靠拢，不同内容之间有明显留白。观众对象、票务信息、承办方及赞助商信息统一显示在右侧

## 3 对齐原则

对齐原则就是要求页面中的每一个元素，都应该尽可能地与其他元素以某一基准对齐，让版面简洁有序，为页面中的所有元素建立视觉上的关联。

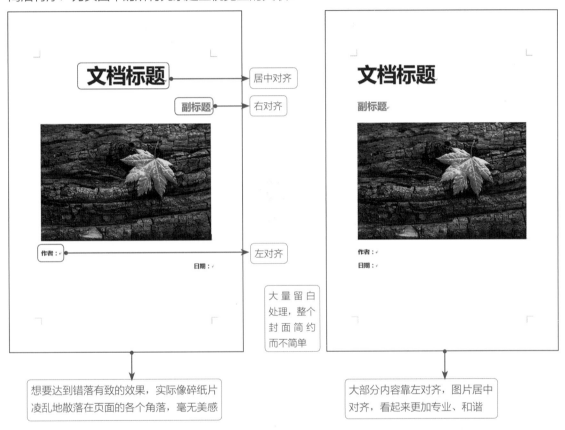

想要达到错落有致的效果，实际像碎纸片凌乱地散落在页面的各个角落，毫无美感

大部分内容靠左对齐，图片居中对齐，看起来更加专业、和谐

## 4 重复原则

太多的元素会造成读者的视觉疲劳，就需要利用重复的主旋律，让读者清晰地把控阅读节奏。重复原则就是让页面中某个元素重复出现，如反复使用同一种符号、同一种装饰元素、同样的结构或同样的颜色，以此来强调页面的统一性，增加页面的吸引力。

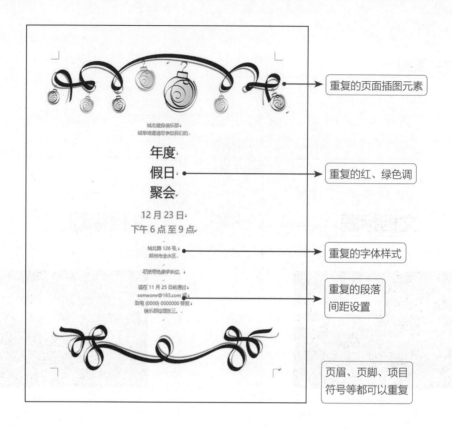

重复的页面插图元素

重复的红、绿色调

重复的字体样式

重复的段落
间距设置

页眉、页脚、项目
符号等都可以重复

## 5 对比原则

  对比原则就是让页面中不同元素之间的差异更明显，将需要强调的部分用截然不同的修饰手法凸显出来，让页面更加生动、有趣，能有效地吸引读者的目光。

（1）通过字体大小对比。

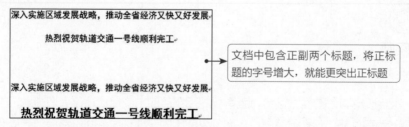

文档中包含正副两个标题，将正标题的字号增大，就能更突出正标题

  当然，通过增大字号突出显示重要内容，不仅可以在标题中使用，也可以在正文中增大字号显示要突出的内容。

（2）通过字体颜色、加粗、底纹对比。

正常的房屋大修理费用由甲方承担；日常的房屋维修费用由乙方承担。

因乙方管理使用不善造成房屋及其相连设备的损失和维修费用，由乙方承担并赔偿损失。

租赁期间，防火安全，门前三包，综合治理及安全、保卫等工作，乙方应执行当地有关部门规定并承担全部责任和服从甲方监督检查。

为文本设置不同的颜色、加粗或底纹效果，可以快速吸引读者的注意力，因此，可以通过此方法突出显示段落中的关键字、关键词等

（3）通过字体风格对比。

登岳阳楼

昔闻洞庭水，　今上岳阳楼。

吴楚东南坼，　乾坤日夜浮。

亲朋无一字，　老病有孤舟。

戎马关山北，　凭轩涕泗流。

在增大字号的基础上，字体风格也可以形成一种鲜明对比，如果字体与内容搭配合理，会使文档韵味十足

# 4.3　灵活处理图片与布局排列

教学视频

图文排版是一种常见的排版模式，但要让图片在合适的位置显示并非易事，有时连图片完整显示都会遇到意想不到的困难。

本节就来介绍灵活处理、排版、布局图片的方法，让你在处理图片时能得心应手。

知识拓展

## 4.3.1　插入图片的正确方式

常见插入图片的方法有 4 种，但有些方法稍有不慎就会导致文档体积过大，这些方式的优缺点如下表所示。

| 方法 | 优点 | 缺点 |
|------|------|------|
| 方法一：复制图片，按【Ctrl+V】组合键粘贴 | 步骤少、快捷 | 会将图片和读图软件的相关信息全部粘贴至文档中，导致文档体积变大 |
| 方法二：直接将图片拖曳至文档 | | |
| 方法三：单击【插入】选项卡下【插图】组中的【图片】按钮，选择插入的图片 | Word会自动将插入图片的分辨率压缩至220PPI，文档保存速度快 | 操作步骤多 |
| 方法四：复制图片，在【开始】选项卡下选择【选择性粘贴】选项，选择所需的格式 | 自动将插入的图片分辨率压缩至220PPI，文档保存速度快，并且可以选择图片的粘贴形式 | 速度与前3种方法相比，比较慢 |

使用方法三和方法四插入图片时，如果希望图片不压缩，无损地插入 Word 文档中，可以在【文件】选项卡下选择【选项】选项，在【Word 选项】对话框的【高级】选项下选中【不压缩文件中的图像】复选框。

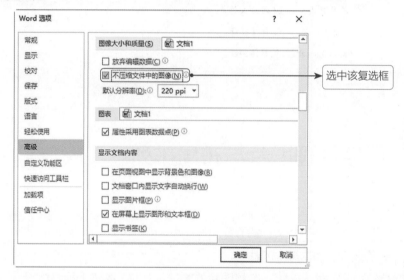

## 4.3.2 图片与文字之间的位置关系

在第 3 章中介绍了图片的环绕方式包含嵌入型、四周型、紧密型环绕、穿越型环绕、上下型环绕、衬于文字下方和浮于文字上方 7 种类型。下面详细介绍每种类型的特点。

知识回顾

| 环绕方式 | 效果展示 | 特点 |
|---|---|---|
| 嵌入型 | 时，可以在想要添加的视频的嵌入<br><br>代码　　　　　中进行 | 嵌入型图片受行间距或文档间距限制，相当于把图片当成一个字符处理。<br>如果插入图片后仅显示了一条边，这是因为图片被过窄的行间距遮挡了，设置行间距即可 |
| 四周型 | 点。当您单击联机视频时，可以在想要添加的视频的嵌入　　　　　入代码中进行粘贴。您也可以　　　键入一个关键字以　　　　　联机搜索最适合您视频。为使　　　　　的文档具有专业　　　　　外观，Word 提　　　　　供了页眉、页脚、封面和文本框设计，这些设计可互 | 四周型布局中文字与图片距离较远，并且不论图片是何种形状，总会在图片四周留下矩形区域 |
| 紧密型环绕 | 点。当您单击联机视频时，可以在想要添加的视频的嵌入代码中　　　中进行粘贴。您也可以键　　　　　入一个关键字以联机　　　　　搜索最适合您的文档　　　　　的视频。为使您的文　　　　　档具有专业外观，Word　　　　　提供了页眉、页脚、　　　　　封面和文本框设计，这　　　　　些设计可互为补充。 | 紧密型环绕和穿越型环绕的区别不明显，文字会在图片四周近距离显示。<br>选择【编辑环绕顶点】选项可更改图片顶点轮廓。<br><br>嵌入型(I)<br>四周型(S)<br>紧密型环绕(T)<br>穿越型环绕(H)<br>上下型环绕(O)<br>衬于文字下方(D)<br>浮于文字上方(N)<br>编辑环绕顶点(E) |
| 穿越型环绕 | 点。当您单击联机视频时，可以在想要添加的视频的嵌入代码中　　　　中进行粘贴。您也可以键入字以联机搜索　　　　　最适合您文档的视频　　　　　有专的您的文档具业外观，Word 提　　　　　供了页眉、页脚、封面和　　　　　文本框设计，这些设计可互　　　　　为补充。 | 更改轮廓后，紧密型环绕仍以直线为轮廓环绕对象，而穿越型环绕则会依据图片外形，出现在凹陷处 |
| 上下型环绕 | 证明您的观点。当您单击联机视频<br><br>时，可以在想要添加的视频的嵌入 | 将文字截为上下两段，中间显示图片 |
| 衬于文字下方 | 视频提供了功能强大的方法帮助您证明您的观点。当您单击联机视频时，可以在想要添加的视频的嵌入代码中进行粘贴。您也可以键入一个关键字以联机搜索最适合您的文档的视频。为使您的文档具有专业外观，Word 提供了页眉、页脚、封面和文本框设计，这些设计可互为补充。 | 图片相当于背景图，当文字或文本框有底纹时，图片会被遮挡，可用于制作水印 |
| 浮于文字上方 | 视频提供了功能强大的方法帮助您证明您的观点。当您单击联机视频时，可以在想要添加的视频的嵌入代码中您也可以键入一个　　　机搜索最适合您的文档的视频。为　　　专业外观，Word 提供了页眉、页　　　和文本框设计，这些设计可互为补充。 | 图片显示在文字上方，会覆盖文字 |

选中图片，按住鼠标左键拖曳完成图片的移动，这是图片移动常用的方法，如果有多张图片需要排列时，这种方法就不太适用。不妨看看高手是怎么做的吧！

## 1 单张图片移动

单张图片移动有以下几种技巧。

（1）更改图片的布局。图片的环绕方式为嵌入型时，移动不灵活，将图片环绕方式更改为其他几种类型，就可以随意移动图片的位置。

（2）使用快捷键。如果图片与其他图片不能对齐，可以按【Ctrl+ 方向键】组合键微调图片。

（3）改变文档网格线间距。用鼠标拖曳图片时，每次移动的距离和文档网格线的间距一致，当网格线设置到最小时，就能流畅地移动图片。

如何将文档网格线设置到最小呢？

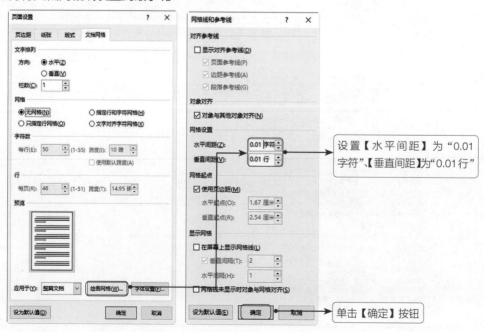

设置【水平间距】为"0.01字符"、【垂直间距】为"0.01行"

单击【确定】按钮

如果图片较小，并且有重叠，或者将图片衬于文字下方时，选择单张图片会比较困难，这时可以在【开始】选项卡下【编辑】组中选择【选择】→【选择窗格】选项，打开【选择】窗格选择图形。

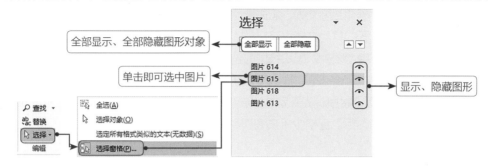

## 2 多张图片移动

如果要同时移动多张图片，有以下 3 种方法。

方法一：按住【Shift】或【Ctrl】键的同时选中多张图片，再按住鼠标左键进行拖曳，既可以移动图片也可以选中图片后使用复制、剪切功能移动。

方法二：利用图文场功能。图文场能够存储被移动的多个对象，选中多个图片，按【Ctrl+F3】组合键，所有的图片将被移至图文场中，选择【插入】→【文本】→【文档部件】→【自动图文集】→【图文场】选项，即可将图片插入新位置。

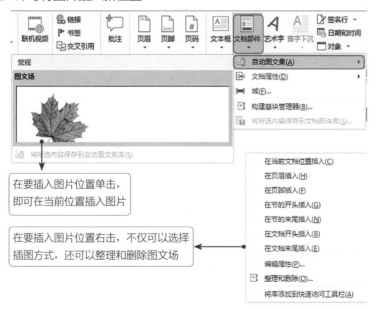

使用图文场功能，需要注意以下几点。

①添加到图文场的图片是作为整体插入新位置的，可重复插入。

②如果要将另一组图片添加至图文场，需先删除原图文场中的内容。

③创建图文场后，在打开的其他文档中可以插入图文场中的图片。

④嵌入型图片和文字环绕型图片，无法被同时选中。

方法三：利用剪贴板功能，最多可同时移动 12 项在同一文档不同页面的对象，选中图片并复制，直至最多选择 12 个目标，将鼠标光标定位至要移动到的位置，选择【开始】→【剪贴板】→【对话框启动器】选项，在【剪贴板】窗格中单击要移动的对象，或者单击【全部粘贴】按钮将全部对象粘贴。

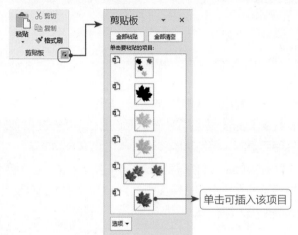

使用剪贴板功能，需要注意以下几点。

①如果项目超过 12 个，需要分多次。

②若同时选中多张非嵌入式图片，可一次性剪切或复制，粘贴时，也将作为一个整体。

③在同时打开的其他文档中打开剪贴板，也可以显示并使用复制的项目。

④根据剪切或复制顺序，将会在剪贴板中倒序排列。

⑤如果图片在剪贴板中无法预览，不影响使用。

## 4.3.4 图片的排列与定位

嵌入型图片相当于一个字符，排列比较简单。而非嵌入型图片的排列则是图文型文档排版时经常遇到的难题。

# 1 使用智能的对齐参考线

Word 2013 以上的版本在让图片与文字对齐时提供了自动出现的参考线，当图片被移到某个段落中或页面某个边缘时，页面将会显示绿色的智能对齐参考线，它提示了页面横向居中、页面左右边界、段落边界等关键位置。

利用这根绿色参考线可以实时预览移动某个对象之后的效果。

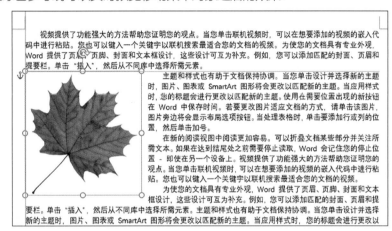

如何在移动对象时，显示出参考线？

只需在【布局】选项卡下【排列】组中选择【使用对齐参考线】选项即可。

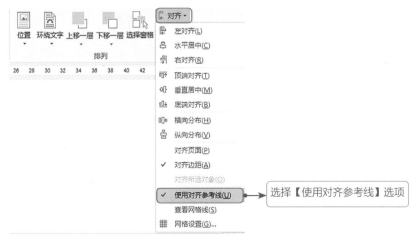

## ② 对齐多张图片

　　Word 2016 提供了多张图片的对齐操作，包括左对齐、水平居中、右对齐、顶端对齐、垂直居中、底端对齐、横向分布及纵向分布 8 个类型。可以在【布局】选项卡下【排列】组中的【对齐】下拉列表或临时打开的【格式】选项卡下【排列】组中的【对齐】下拉列表中设置。

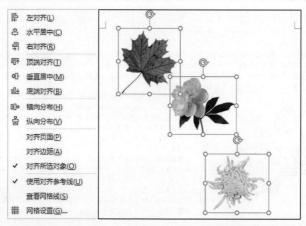

| 对齐方式 | 作用 | 效果预览 |
|---|---|---|
| 左对齐 | 将所选图片沿最左侧的边界对齐所有对象 |  |
| 水平居中 | 将所选图片在水平方向沿中间的边界对齐所有对象 |  |

| 对齐方式 | 作用 | 效果预览 |
|---|---|---|
| 右对齐 | 将所选图片沿最右侧的边界对齐所有对象 | |
| 顶端对齐 | 将所选图片沿最上方的边界对齐所有对象 | |
| 垂直居中 | 将所选图片在垂直方向沿中间的边界对齐所有对象 | |
| 底端对齐 | 将所选图片沿最底部的边界对齐所有对象 | |
| 横向分布 | 在水平方向均匀分布所有选择的对象，每相邻两个对象之间横向距离相等 | |
| 纵向分布 | 在竖直方向均匀分布所有选择的对象，每相邻两个对象之间纵向距离相等 | |

按照上面的方法操作了，但执行【右对齐】命令后效果如下图所示，其他几项也都不一样，哪里出问题了？

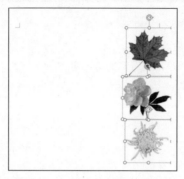

这是因为将"页面"设置为对齐参照了，在【对齐】下拉列表中可以将页面、边距或所选对象设置为对齐参照，选择的参照不同，其对齐结果也是不一样的。

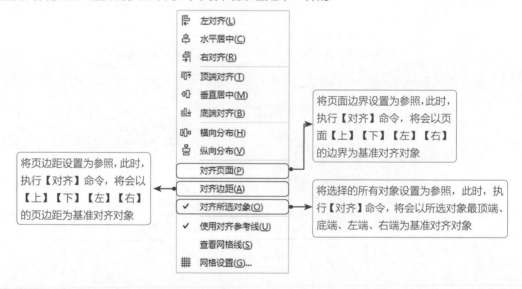

将页边距设置为参照,此时,执行【对齐】命令,将会以【上】【下】【左】【右】的页边距为基准对齐对象

将页面边界设置为参照,此时,执行【对齐】命令,将会以页面【上】【下】【左】【右】的边界为基准对齐对象

将选择的所有对象设置为参照,此时,执行【对齐】命令,将会以所选对象最顶端、底端、左端、右端为基准对齐对象

## ③ 将图片放置在文档的特定位置

能否将图片固定到文档某一个特定的位置呢，如距离页面左边界 10 厘米，距离页面顶端 5 厘米？

当然可以！在图片上右击，选择【大小和位置】选项，在【布局】对话框【位置】选项卡下【水平】和【垂直】栏中即可根据需要进行设置。

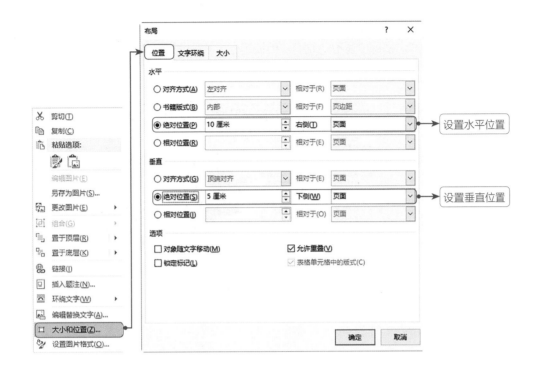

设置水平位置

设置垂直位置

## ④ 用锁定标记固定图片位置

插入图片后，如果不希望图片位置移动，能否将图片固定下来？

嵌入式图片会随着段落移动，无法固定。而图片被设置为文字环绕布局时，会在图片附近段落左侧显示锁定标记，表明当前图片的位置是依赖于此锁定标记旁的段落，通过该固定标记即可将图片固定。

锁定标记，此时该
图片与第 2 段绑定

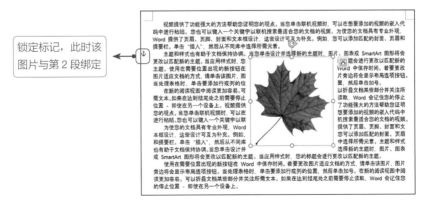

固定标记和图片始终处于同一页中，并且与段落绑定，但可以拖动锁定标记更改绑定的段落；在页面内移动锁定标记时，图片位置不会改变，但锁定标记被移动到其他页面时，图片会立即移动到其他页面。

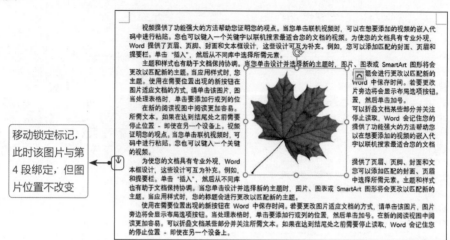

移动锁定标记，此时该图片与第4段绑定，但图片位置不改变

此时，如果第4段被移动到了下一页，图片也会立即移到下一页，这就是为什么没有移动图片位置，图片却移到下一页的原因。

如果要避免这种情况发生，可以将锁定标记和图捆绑起来，打开【布局】对话框，在【位置】选项卡下【选项】栏中选中【锁定标记】复选框，单击【确定】按钮即可。

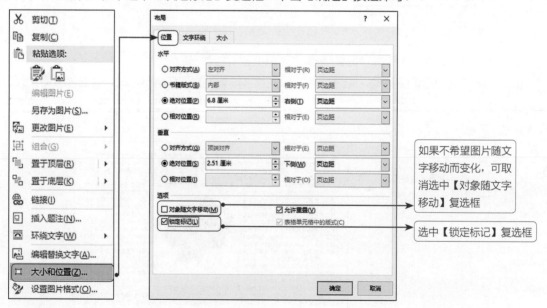

如果不希望图片随文字移动而变化，可取消选中【对象随文字移动】复选框

选中【锁定标记】复选框

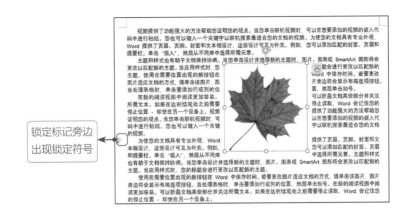

视频提供了功能强大的方法帮助您证明您的观点。当您单击联机视频时，可以在想要添加的视频的嵌入代码中进行粘贴。您也可以键入一个关键字以联机搜索最适合您的文档的视频。Word 提供了页眉、页脚、封面和文本框设计，这些设计可互为补充。例如，您可以添加匹配的封面、页眉和提要栏。单击"插入"，然后从不同库中选择所需元素。

主题和样式也有助于文档保持协调。当您单击设计并选择新的主题时，图片、图表或 SmartArt 图形将会更改以匹配新的主题。使用在需要位置出现的新按钮在图片适应文档的方式，请单击该图片，图片旁边就会显示布局选项按钮。当处理表格时，您可要添加行或列的位置，然后单击加号。

在新的阅读视图中阅读更加容易。所需文本，如果在达到结尾处之前需要停止位置 - 即使在另一个设备上，视频证明您的观点。当您单击联机视频时，可码中进行粘贴。您也可以键入一个关键字以联机搜索最适合您的文档的视频。

为使您的文档具有专业外观，Word 本框设计，这些设计可互为补充。例如和提要栏。单击"插入"，然后从不同库也有助于文档保持协调。当您单击设计并选择新的主题。当应用样式时，您的标题样式将进行更改以匹配新的主题。

使用在需要位置出现的新按钮在 Word 中保存时间，要更改图片适应文档的方式，请单击该图片，图片旁边就会显示布局选项按钮。当处理表格时，单击要添加行或列的位置，然后单击加号。在新的阅读视图中阅读更加容易。可以折叠文档某些部分并关注所需文本。如果在达到结尾处之前需要停止读取，Word 会记住您的停止位置 - 即使在另一个设备上，

标题会进行更改以匹配新的 Word 中保存时间。若要更改图片旁边将会显示布局选项按钮置，然后单击加号。

可以折叠文档某些部分并关注停止读取，Word 会记住您的提供了功能强大的方法帮助您以在想要添加的视频的嵌入代字以联机搜索最适合您的文档

提供了页眉、页脚、封面和文您可以添加匹配的封面、页眉中选择所需元素。主题和样式也有助于文档保持协调。当您单击设计并选择新的主题时，图片、图表或 SmartArt 图形将会更改以匹配新的主题。

**锁定标记旁边出现锁定符号**

如果文档中包含多张图片，且这些图片大小不一、风格不同，那么版面难免凌乱、效果不美观，将这样的文档发送给他人前，不妨先为图片化化妆吧。

### ① 图片大小要统一

大小不一的图片，不仅排列整齐较难，看起来也不美观。常用于调整图片大小的方法是拖曳图片四周的控制柄，但调整后效果不理想，不妨试试下面的方法。

首先看下面两张图片，需要将它们并排整齐排列，且大小一致。

可以精确调整图片的大小，之后通过裁剪功能，裁掉多余部分

选择第 1 张图片，在【格式】选项卡下【大小】组中设置【宽度】为"8.8 厘米"，【高度】值会自动进行等比调整。

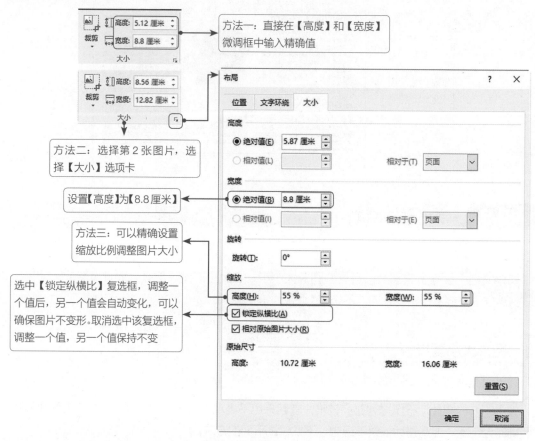

方法一：直接在【高度】和【宽度】微调框中输入精确值

方法二：选择第 2 张图片，选择【大小】选项卡

设置【高度】为【8.8 厘米】

方法三：可以精确设置缩放比例调整图片大小

选中【锁定纵横比】复选框，调整一个值后，另一个值会自动变化，可以确保图片不变形。取消选中该复选框，调整一个值，另一个值保持不变

如果图片调整大小后，图片的宽度相同，看起来就比较工整，但还是有所欠缺，如果取消选中【锁定纵横比】复选框，单独调整高度，那样图片就会变形，此时要怎么办？

这时，就可以使用裁剪功能，将多余的部分裁掉。

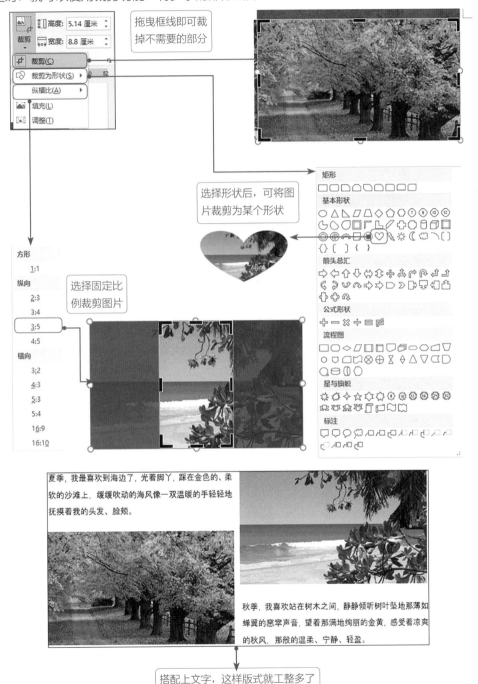

拖曳框线即可裁
掉不需要的部分

选择形状后，可将图
片裁剪为某个形状

选择固定比
例裁剪图片

夏季，我最喜欢到海边了，光着脚丫，踩在金色的、柔软的沙滩上，缓缓吹动的海风像一双温暖的手轻轻地抚摸着我的头发、脸颊。

秋季，我喜欢站在树木之间，静静倾听树叶坠地那薄如蝉翼的窸窣声音，望着那满地绚丽的金黄，感受着凉爽的秋风，那般的温柔、宁静、轻盈。

搭配上文字，这样版式就工整多了

## 2　让图片背景变透明

文档有背景颜色，如果插入的图片背景和文档背景不搭配，就会显得突兀，或者白色背景的文档，为了使图片与文档内容更融洽，突出主图内容，就可以使用删除背景功能。

选中图片，在【格式】选项卡下单击【调整】组中的【删除背景】按钮，即可调用该命令。

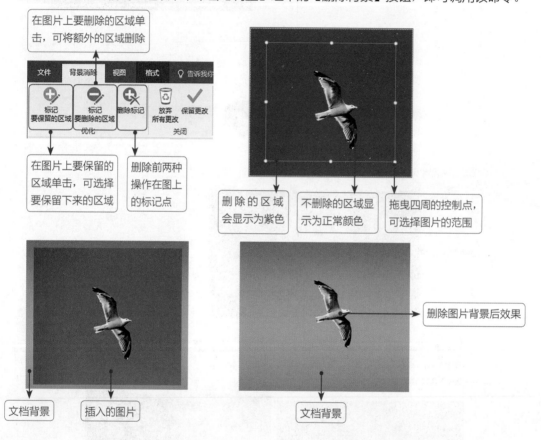

## 3　校正图片的亮度／对比度

选中图片，在【格式】→【调整】→【校正】下拉列表中选择一种方案即可，如果对效果不满意，可随时更换。

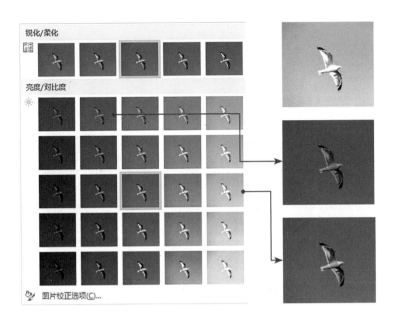

## 4 为图片重新着色

选中图片，在【格式】→【调整】→【颜色】下拉列表中选择一种方案即可。

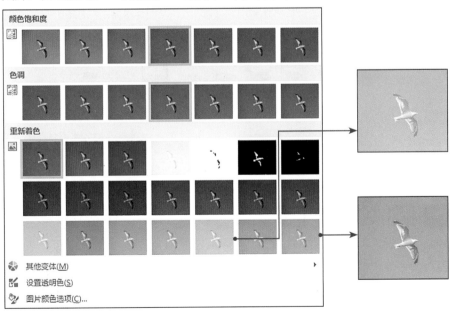

## 5 为图片添加艺术效果

选中图片，在【格式】→【调整】→【艺术效果】下拉列表中选择一种方案即可。

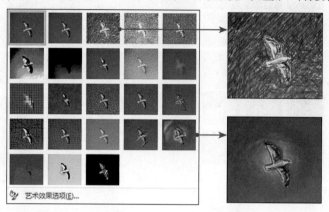

## 6 设置图片的样式

选中图片，在【格式】→【图片样式】组中不仅可以选择图片的样式，还可以根据需要设置图片的边框、效果及版式，如下图所示。

（1）设置样式。

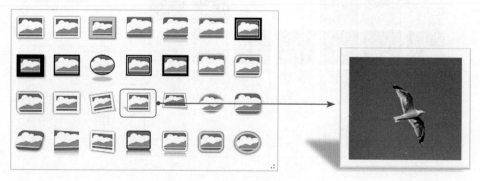

（2）设置图片边框。

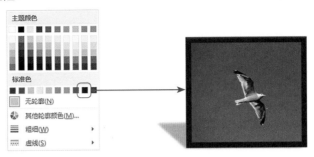

（3）设置图片效果。

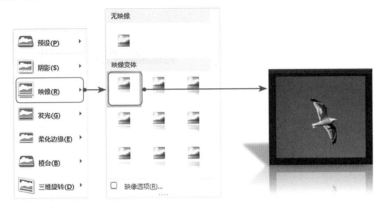

（4）设置图片版式。

可以自动编辑图片的排列形式并改变图片外形，然后为图片添加文字说明，并使用 SmartArt 工具编辑图片样式。

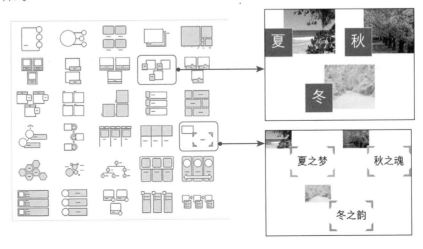

## 4.4　分栏让你的文档更专业

教学视频

排版包括通栏和分栏，通栏就是文字从左到右，从上到下在页面上排列，而分栏则是把页面分成多栏进行排列。使用分栏，能够使文本更方便阅读，同时增加版面的活泼性，看起来更加专业。

如果要设置其他更特殊的分栏，可以选择【更多分栏】选项。

## 4.5 用好工具为你的文档加满分

在第 2 章中已经介绍了 Word 中表格的相关内容，除表格外，还可以使用 SmartArt 图形、自选图形、图表等工具展现文档的颜值，为文档加分！

SmartArt 图形不适用于文字较多的文本，常用于将文字量少、层次较明显的文本转换为更有助于读者理解、记忆的文档插图。

## 1 SmartArt 图形的种类

Word 2016 提供了 8 种类型的 SmartArt 图形，分别是列表、流程、循环、层次结构、关系、矩阵、棱锥图和图片，如下图所示。

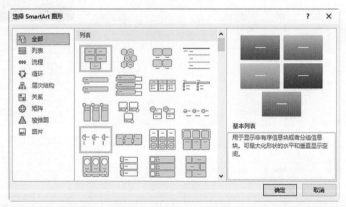

| SmartArt图形 | 作用 | 示例 |
|---|---|---|
| 列表 | 将文字信息列表化，主要用于将一些条理清晰的文字内容转换为图示形式 | Office重要组件功能图 |

| SmartArt图形 | 作用 | 示例 |
|---|---|---|
| 流程 | 将流程类文本图示化，主要是将顺序分明的事情用流程的形式表示，如"先做……，接着做……，最后做……"等内容 |  **企业近期目标展示图**<br> |
| 循环 | 将表示循环的文字图示化，如果需要展示某种循环关系，使用文字难以描述时，可以使用循环图形清晰展示 | 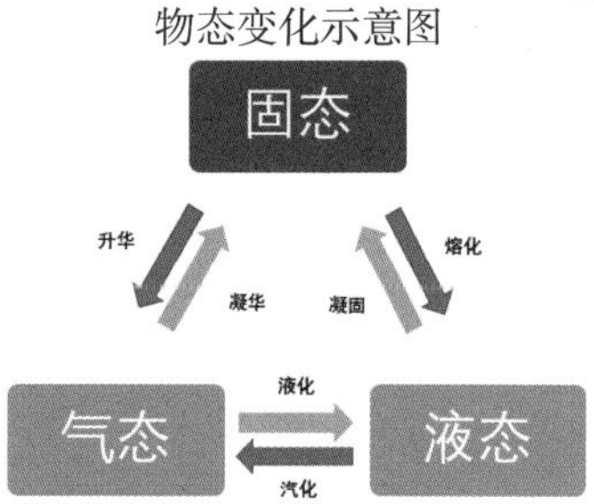 **物态变化示意图**<br> |
| 层次结构 | 层次结构图形主要用来表示上下级关系或从属关系 | 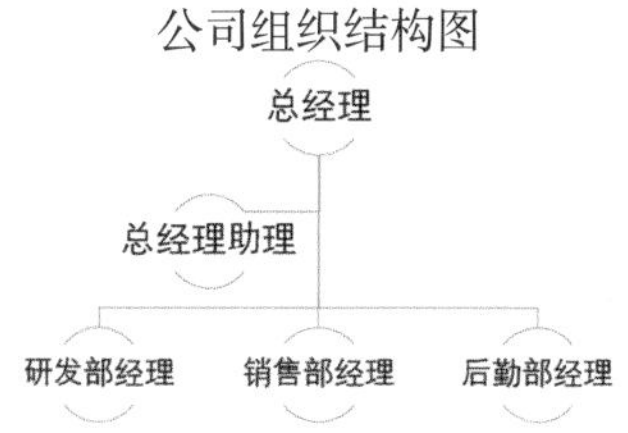 **公司组织结构图**<br> |
| 关系 | 关系图形主要用于具有包含、对比、中心与部分、整体与分级等关系的文字，如果表示整体与分级的关系，分级之间无关联 | 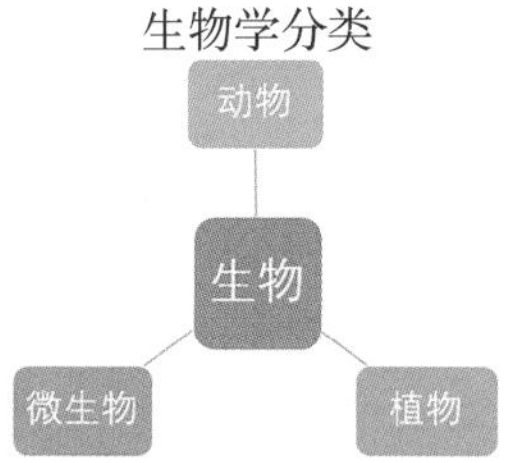 **生物学分类**<br> |
| 矩阵 | 矩阵图形主要使用4个象限展示整体与部分或单独部分之间的关系 |  **时间管理四象限法则**<br> |

| SmartArt图形 | 作用 | 示例 |
|---|---|---|
| 棱锥图 | 棱锥图用于表示包含、互联、比例、层次等关系，需要明确需求层次，最大部分是最基本或最重要的内容 | 健康膳食金字塔（油盐／鱼、禽、肉／奶制品、豆制品／多吃蔬菜水果／食物多样化，以谷物为主） |
| 图片 | 图片图示主要用于表明图片与文字之间的关系，包含以文字为主、图片为辅的图示，以及以图片为主、文字为辅的图示类型 | 四季美图鉴赏（春、夏、秋、冬） |

## 2 SmartArt 图形的美化

SmartArt 图形的美化主要是在【SmartArt 工具】→【设计】和【格式】选项卡下进行，在【设计】选项卡可以整体更改版式、颜色、样式，在【格式】选项卡可以单独修改图形中每一个形状的样式。

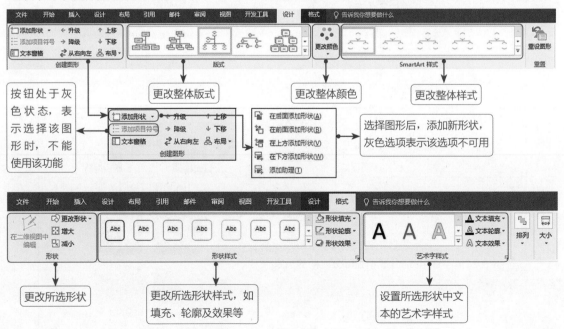

## ③ SmartArt 图形的特殊应用

使用【设计】和【格式】选项卡美化 SmartArt 图形的操作比较简单，也是基础操作。学会后可以试着绘制下面的两个图形，看能做出来吗？

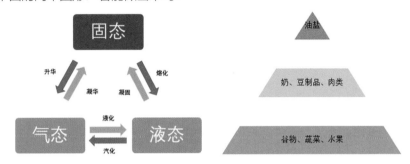

第 1 个图形，与【循环】组中的【多向循环】比较类似，但也差别较大，那到底是怎样做出来的呢？

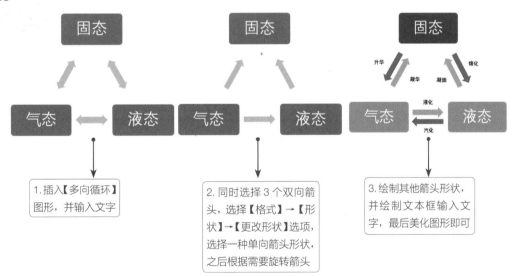

第 2 个图形的制作也比较简单，输入文字并美化图形后，只需在【格式】选项卡下将不需要显示图形的【形状填充】设置为【无填充】，【形状轮廓】设置为【无颜色】即可。

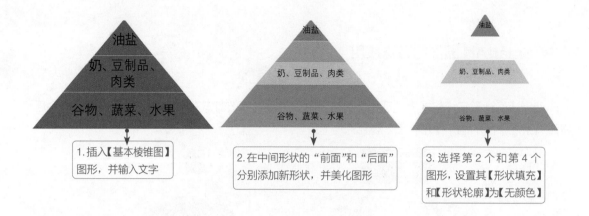

1. 插入【基本棱锥图】图形，并输入文字

2. 在中间形状的"前面"和"后面"分别添加新形状，并美化图形

3. 选择第 2 个和第 4 个图形，设置其【形状填充】和【形状轮廓】为【无颜色】

## 4.5.2 自选形状

Word 提供了多种自选形状样式，用户可以根据需要绘制形状，并设置形状的填充、轮廓及形状效果，用于创建、编辑图形的操作与编辑图片类似。

绘制的形状要与文档内容、主题颜色等搭配，否则会显得突兀。左下图的配图明显与文章内容不符，显得稚嫩，而右侧的图片则与文章的意境结合，有锦上添花之效！

知识拓展

## ① 根据文字调整形状大小

在图形中添加文字后，如果文字较多，会显示不完整，增大形状后，再次修改文字，还需要重新调整形状，可以将形状设置为图形对象的大小随文字多少自动调整。

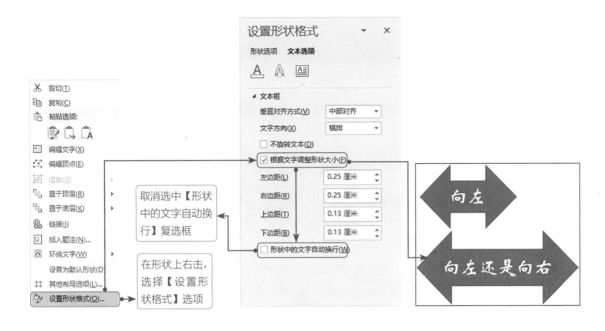

## 2 保留形状中的文字和样式更改形状

在形状中添加文字并对形状进行美化后，如果形状不合适，是否需要重新绘制形状后再重复输入文字、更改样式？答案是否定的。

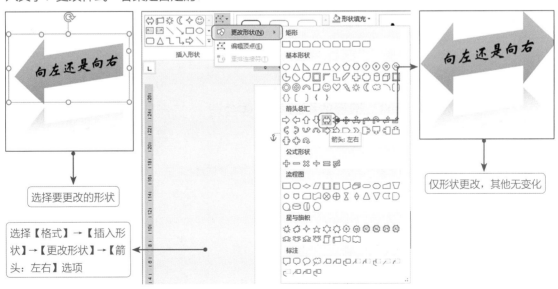

## ③ 编辑形状顶点

如果自选形状中没有适合的形状，仅有近似形状，可以通过编辑顶点将近似形状更改为适合的形状。

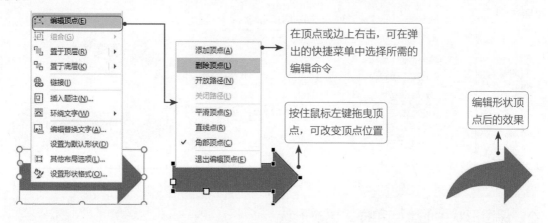

在顶点或边上右击，可在弹出的快捷菜单中选择所需的编辑命令

按住鼠标左键拖曳顶点，可改变顶点位置

编辑形状顶点后的效果

## 4.5.3 图表

设置图表的目的是更直观地展示数据，增加可读性和可观赏性，同时图表也是让文档美观、赏心悦目的手段。

## ① 图表是为数据说话的，选择的图表类型要合适

图表的设计首先要做到数据严谨、准确，然后选择合适的图表类型。下面看几幅图表。

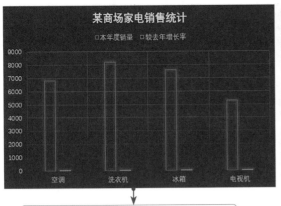

柱形图能够直观地展示出数据之间的关系，但
某系列数据较小时，如图中的较去年增长率将
看不出效果，图表选择正确，但需要调整

圆环图也能够展示出数据的关系，但以展示
单个数据和总量之间关系为主，不能直接看
到单个量的销售情况，图表选择不合理

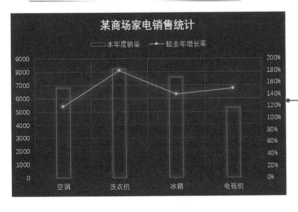

使用柱形图和折线图组成的组合图，并显
示双坐标轴，即可清晰地看出每一类家电
的销售量及较去年增长率，清晰、易读

## 2 图表设计要与文档整体风格匹配

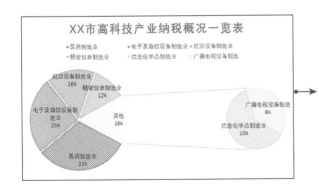

专业、正式的文档，图表风格应该朴素、大气，
避免过于艳丽，要给人以端庄、稳重、严谨的
感觉
不同行业在选择色彩时也可根据行业特点配色

| 列1 | 比例 | 比例1 | 比例2 | 比例3 |
|---|---|---|---|---|
| 合格 | 75% | 75% | 75% | 75% |
| 不合格 | 25% | 25% | 25% | 25% |

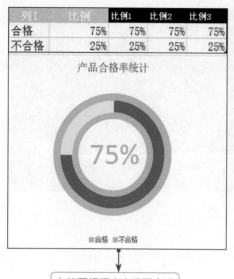

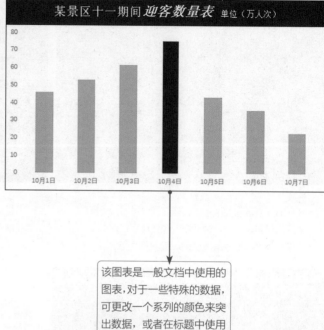

文档要根据内容选择合适的图表风格，可以是活泼可爱型，也可以是风趣幽默型，还可以根据读者群体来确定图表风格

该图表是一般文档中使用的图表，对于一些特殊的数据，可更改一个系列的颜色来突出数据，或者在标题中使用特殊的字体凸显关键内容

## 3 文字效果

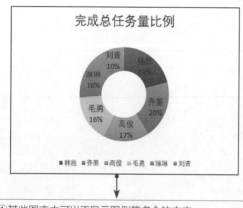

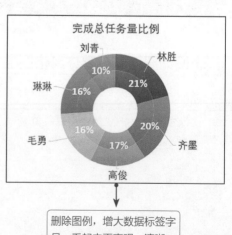

①某些图表中可以不显示图例等多余的文字
②图表中重要的文字，如数据标签，可以适当增大字号

删除图例，增大数据标签字号，看起来更直观、清晰

## 4 数据源

通常制作图表时，大家都会忽略一个不显眼却又很重要的内容——数据源，它不需要华丽的装饰，但却能清楚地表明数据的来源，让图表更专业，增加可信度。

# 4.6 图文混排的设计套路

图文混排的目的就是把图形和文字混合到一起，不仅要混合得好看，还要让读者读起来省力。那么，图文混排有哪些原则呢？

（1）如果图片够大，可以占据页面的绝大部分，如果尺寸不够大，可以只占据 1/3 的位置。

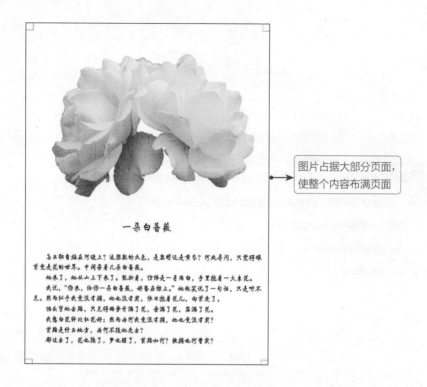

图片占据大部分页面，使整个内容布满页面

（2）如果图片适中，可以通过双栏的形式左图右文或左文右图。

采用左右分栏的形式混排图片和文字

（3）如果图片较小，可以使用文字环绕布局，将图片放在合适的位置；也可以适当地放大图片，前提是图片放大后不失真。

_一朵白蔷薇_

怎么独自站在河边上？这朦胧的天色，是黎明还是黄昏？何处寻问，只觉得眼首竟是花的世界。中间杂着几朵白蔷薇。

她来了，她从山上下来了。说状着，仿佛是一身偏白，手里抱着一大束花。

我说，"你来，给你一朵白蔷薇，好簪在襟上。"她微笑说了一句话，只是听不见。然而似乎我竟没有摘，她也没有戴，依旧抱着花儿，向首走了。

抬头望地去姑，只见得两旁开满了花，垂满了花，落满了花。

我想白花终比红花好；然而为何我竟没有摘，她也竟没有戴？

首路是什么地方，为何不随她走去？

都过去了，花也隐了，梦也醒了，首路如何？便摘也何曾戴？

> 图片较小时，可以采用四周型、紧密型环绕、穿越型环绕、上下型环绕等布局，将图片放在合适的位置

（4）如果有多张图片，可以使用无框线的表格辅助排版，也可以有规律地将图片放在合适的位置。

（5）当图片较多且大小不统一时，可以通过缩放、裁剪的形式使图片尺寸统一。

（6）如果图片风格相差较大，且整体不和谐，可以调整图片效果，使其风格一致。

春天，万物复苏，阳光和煦，一派生机盎然的景象。 夏天，鸟语花香，偶尔的阵雨带来难得的凉爽。

秋天，果实累累，黄色调慢慢取代了上一季的五彩。 冬天，狂风呼啸，银白色的一片孕育着新的轮回。

> 多张图片进行图文排版时，后面3条原则经常会一起使用，这样排版出的效果工整、美观

春天，万物复苏，阳光和煦，一派生机盎然的景象。

夏天，鸟语花香，偶尔的阵雨带来难得的凉爽。　　秋天，果实累累，黄色调慢慢取代了上一季的五彩。

冬天，狂风呼啸，银白色的一片孕育着新的轮回。

这也是一种不错的多张图片的排版方法，但通栏排版的图片尺寸需要足够大

以上是图文排版的常规原则，复杂的图文排版原则如下。

（1）图片比例一致，风格统一，或者有强烈但不突兀的对比。

（2）可以采取分栏的形式，也可以单双栏混合。

（3）大量的留白处理。

（4）简单的页眉页脚。

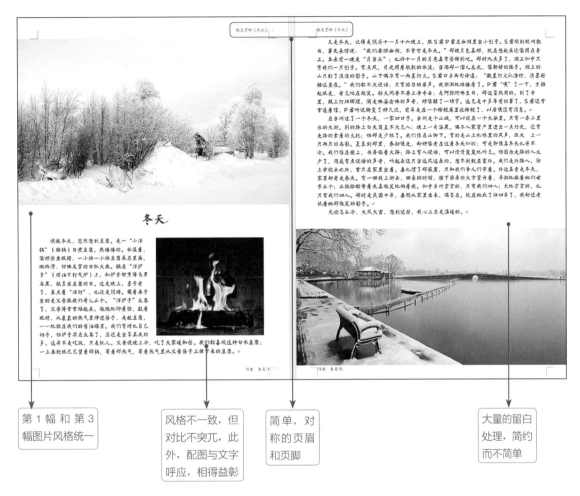

第 1 幅 和 第 3 幅图片风格统一

风格不一致，但对比不突兀，此外，配图与文字呼应，相得益彰

简单、对称的页眉和页脚

大量的留白处理，简约而不简单

总之，掌握这些原则，多加练习和调整，即可把文字和图片混合得美观。

高手自测 3 ●

学习了本章的内容，对如何提升 Word 文档的颜值有了一定的认识，根据提供的素材完成 4.6 节最后的效果展示，并将文字由单栏排版修改为"偏左"的双栏排版，如果能轻松完成，即可开始下一章的学习。可以先打开"素材\ch04\高手自测\高手自测.docx"文档，并完成下面的操作。扫描右侧的二维码，即可查看注意事项及操作提示，最终结果可以参阅"结果\ch04\高手自测.docx"文档。

高手点拨

（1）设置标题和正文的字体样式。

（2）插入"图片1.png"文件，将其显示在文档上部，下方显示正文标题；插入"图片3.png"文件，将其显示在文档底部。

（3）将正文"偏左"栏排版，插入"图片2.png"文件，并将其放置在合适的位置。

（4）添加左右对称的页眉和页脚。

# 第5章

# 高手暗箱：长文档排版七步法

撰写长文档得心应手、轻松搞定，遇到排版举步维艰、寸步难行！

无论原因是 Word 能力不足还是排版技能缺失，都会让人头疼不已。本章就以排版毕业论文长文档为例，介绍长文档排版七步法，掌握这七步，做一个快乐的长文档排版高手。

# 5.1 面对长文档（论文）应当怎样做

排版长文档是学生整理毕业论文及办公人员处理办公文档时必须面对的问题。其中内容、序号、章节、标题、图表、页码、页眉、页脚要求很多，还有难以搞定的目录和参考文献，总之就是要求多，感觉难！

面对以上问题你是这样做的吗？

（1）设置标题和正文的字体及段落样式，之后使用格式刷。

（2）图片、图表多，题注手动添加，序号记不住，格式不好改，或者改完后结果发现有缺失或多余的图片。

（3）编号和多级列表总搞不定，想用的时候出不来；编号有了，格式不正确；不想用，又结束不了，困难重重。

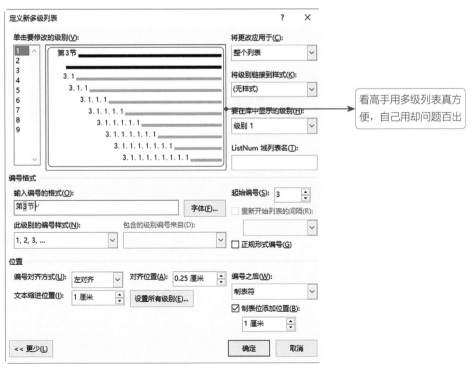

看高手用多级列表真方便，自己用却问题百出

（4）使用空格将内容分页后，最怕添加或删除内容。若添加或删除内容，就得重来一遍。

（5）参考文献、页眉、目录……这些才是大问题。

既然感觉排版长文档难，下面就带领大家逐个解决排版长文档的难题。在此之前，先看看高手是怎么排版的吧。

前面已经介绍了排版文档有两种方式，一是先输入再排版，二是先设置版式，边输入边排版。

选择哪一种更省时、省力？如果写文档过程会有大量的变更修改，方式一是不错的选择。如果撰写长文档能信手拈来，推荐方式二，这样后期修改会节约大量时间。

高手排版长文档分为七步，如下图所示。

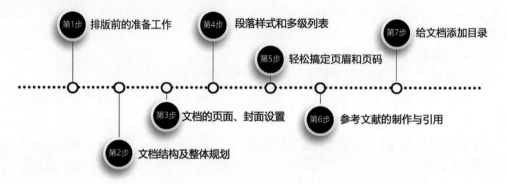

# 第 1 步：排版前的准备工作

在第 3 章中已经介绍了科学的排版流程，虽然第 3 章的内容适合所有的排版，但长文档总有一些特殊的要求，如多种不同的页码、页眉等，对技术的要求更高，本章将会详细介绍这些高超的技术。

知识拓展

在排版长文档前，需要做哪些准备工作呢？

实际上前期重要的准备工作也就是确定主题，当然，毕业论文、科研报告、项目申报书等要求严格的学术论文，在排版前都会给出具体的规范排版要求，只需要确定论文内容的主题，其他按照要求排版即可。

其他没有具体排版要求的长文档，则可以根据内容确定主题，然后按照留白原则、紧凑原则、对齐原则、重复原则及对比原则排版即可。

正式排版前，可根据情况结合高手排版七步法制定适合自己的排版流程。

（1）根据论文排版规范，设置页面，并将论文分节。需要注意各节页码是否连贯、一致。

（2）根据排版规范，设置样式，修改标题、正文样式。

（3）制定论文大纲并撰写论文，为标题、正文设置样式。

（4）插入图片、表格、图表等内容并编号。

（5）设置参考文献。

（6）插入页眉、页码并提取目录。

（7）进一步排版美化，完成后打印输出。

## 5.3　第 2 步：文档结构及整体规划

在正式排版长文档之前，首先需要确定文档的结构及根据要求对文档进行整体规划。

### 5.3.1　确定文档结构

毕业论文类长文档的结构通常包含 10 个部分，可以将这 10 个部分分为三大类，如下图所示。

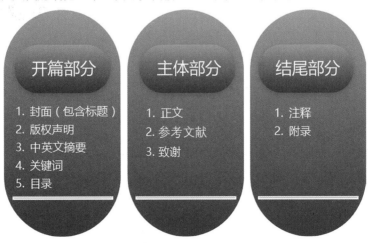

开篇部分

1. 封面（包含标题）
2. 版权声明
3. 中英文摘要
4. 关键词
5. 目录

主体部分

1. 正文
2. 参考文献
3. 致谢

结尾部分

1. 注释
2. 附录

页眉和页脚可以根据院校要求添加，通常情况有以下几个原则。

（1）封面、版权声明页面不要页眉，其他页面均需要添加页眉。

（2）页脚中仅包含页码，封面、版权声明页面不要显示页码。从摘要页面开始到目录页结束，页码用罗马数字"Ⅰ，Ⅱ，Ⅲ，…"表示。

（3）主体部分页面，页码采用阿拉伯数字"1，2，3，…"表示，采用相同的页眉。

（4）结尾部分可以连续使用主题部分页码，但页眉部分需要单独设置。

提示：对图片较多，需要添加题注的长文档，插入题注的方法可参阅7.1节。

## 5.3.2 整体规划

排版毕业论文时，中英文摘要分别位于单独的页面中，关键词位于中英文摘要下方，其他部分均需要单独另起一页显示。

因此，在撰写论文前，就可以先输入各部分标题，然后通过插入分节符、分页符，将整篇文档的结构规划好，原则如下。

（1）在需要设置不同页眉、页脚的部分插入分节符。

（2）在需要另起一页的部分插入分页符。

插入分页符和分节符后效果如下图所示。

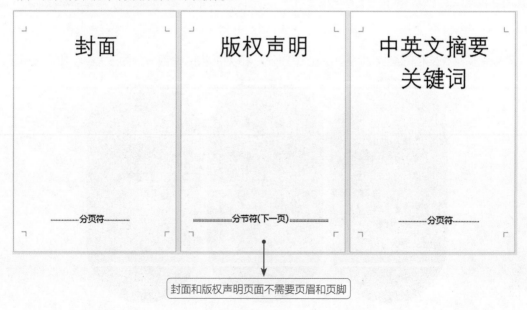

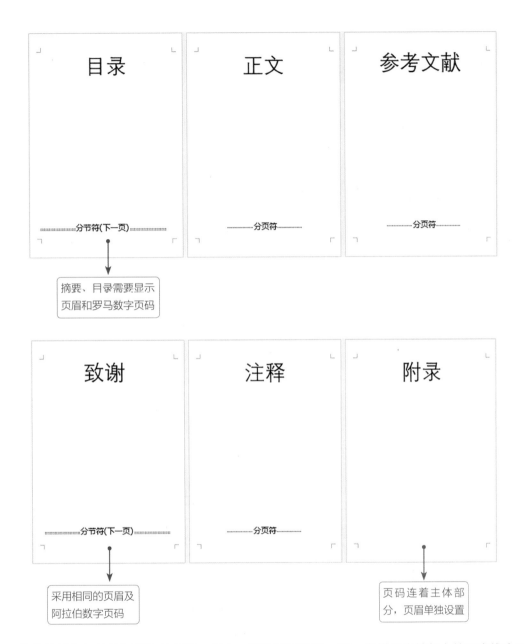

分节符是在节的结尾插入的标记，是上一节的结束符号，用一条横贯文档版心的双虚线表示。分节符包含节的格式设置元素，如页边距、页面的方向、页眉和页脚，以及页码的顺序。

在同一个文档中，要设置不同的页边距、页面方向、页眉、页脚、页码等，就需要使用节来达到目的。将文档分节后，根据需要设置每节的格式即可。

## 1 分节符

选择【布局】→【页面设置】→【分隔符】选项，在弹出的下拉列表中可以看到【分节符】组中包含 4 种分节符类型，如下图所示。

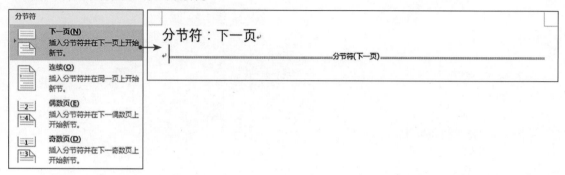

如果插入分节符后，没有显示分节符，只需要单击【开始】→【段落】→【显示 / 隐藏编辑标记】按钮，使其处于选中状态即可，如右图所示。

（1）分节符：下一页。

插入一个下一页分节符，新节从下一页开始。如果在文字之间插入下一页分节符，则在新一页开头位置会出现一个空行，该空行可以手动删除。

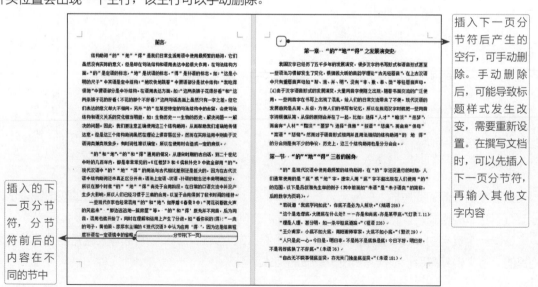

插入的下一页分节符，分节符前后的内容在不同的节中

插入下一页分节符后产生的空行，可手动删除。手动删除后，可能导致标题样式发生改变，需要重新设置。在撰写文档时，可以先插入下一页分节符，再输入其他文字内容

（2）分节符：连续。

插入一个分节符，新节从同一页开始。插入连续分节符后可以在同一页面的不同部分存在不同的节格式。可以单独插入连续分节符，然后更改节格式；也可以在执行某些操作后，如执行分栏操作后，会在选择的正文前后自动插入两个连续分节符。

（3）分节符：偶数页。

插入一个分节符，新节从下一个偶数页开始。如果下一页是奇数页，那么该页将显示为空白，原内容将从下一个偶数页开始显示。如果下一页是偶数页，则无特殊变化。

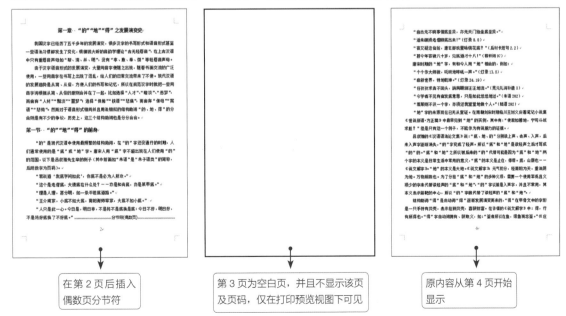

（4）分节符：奇数页。

插入一个分节符，新节从下一个奇数页开始。如果下一页是偶数页，将会显示为空白。如果下一页是奇数页，则无明显变化。插入奇数页分节符可以满足每一章或每一篇首页均为奇数页的排版要求。

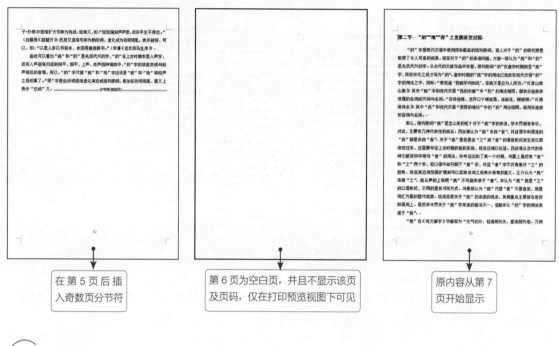

在第 5 页后插入奇数页分节符

第 6 页为空白页，并且不显示该页及页码，仅在打印预览视图下可见

原内容从第 7 页开始显示

## 2　分页符

选择【布局】→【页面设置】→【分隔符】→【分页符】选项，【分页符】组中包括【分页符】【分栏符】和【自动换行符】3 种类型。在普通视图下，分页符是一条虚线，如下图所示。

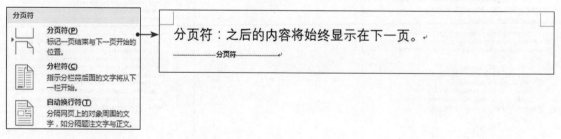

（1）分页符。

如果要另起一页显示新的章节，可以多次按【Enter】键，直到最后的内容显示到下一页。如果

前面的内容不断地增减，空行的位置会不断移动，最后就要不断地检查分页是否正确。这种做法是不提倡的，科学的方法应该是插入"分页符"，其方法有以下 3 种。

方法一：在需要分页的位置按【Ctrl+Enter】组合键。

方法二：选择【布局】→【页面设置】→【分隔符】→【分页符】选项。

方法三：选择【插入】→【页面】→【分页】选项。

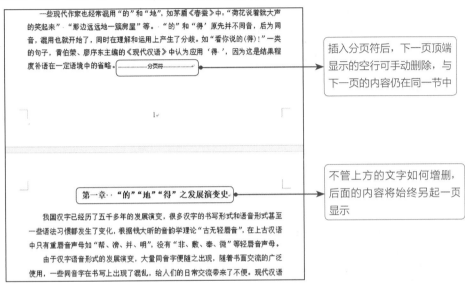

（2）分栏符。

插入分栏符后，分栏符后面的文字将从下一栏开始，但显示效果和分页符无差别。对文档或某些段落分栏后，Word 文档会在适当的位置自动分栏。若希望某一内容出现在下栏的顶部，则可用插入分栏符的方法实现。

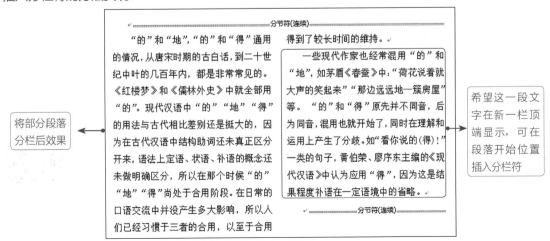

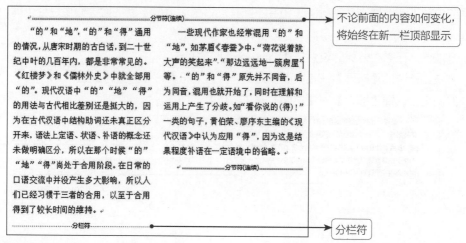

"的"和"地","的"和"得"通用的情况，从唐宋时期的古白话，到二十世纪中叶的几百年内，都是非常常见的。《红楼梦》和《儒林外史》中就全部用"的"。现代汉语中"的""地""得"的用法与古代相比差别还是挺大的，因为在古代汉语中结构助词还未真正区分开来，语法上定语、状语、补语的概念还未做明确区分，所以在那个时候"的""地""得"尚处于合用阶段。在日常的口语交流中并没产生多大影响，所以人们已经习惯于三者的合用，以至于合用得到了较长时间的维持。

一些现代作家也经常混用"的"和"地"，如茅盾《春蚕》中："荷花说着就大声的笑起来""那边远远地一簇房屋"等。"的"和"得"原先并不同音，后为同音，混用也就开始了，同时在理解和运用上产生了分歧。如"看你说的(得)!"一类的句子，黄伯荣、廖序东主编的《现代汉语》中认为应用"得"，因为这是结果程度补语在一定语境中的省略。

不论前面的内容如何变化，将始终在新一栏顶部显示

分栏符

（3）自动换行符。

通常情况下，文本到达文档页面右边距时，Word 将自动换行。在插入自动换行符后，在插入点位置可强制断行，换行符显示为灰色"↓"形状。与直接按【Enter】键不同，这种方法产生的新行仍将作为当前段的一部分。

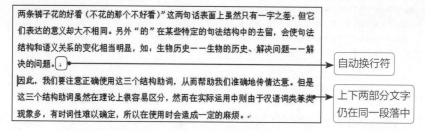

两条裤子花的好看（不花的那个不好看）"这两句话表面上虽然只有一字之差，但它们表达的意义却大不相同。另外"的"在某些特定的句法结构中的去留，会使句法结构和语义关系的变化相当明显，如：生物历史——生物的历史、解决问题——解决的问题。

因此，我们要注意正确使用这三个结构助词，从而帮助我们准确地传情达意。但是这三个结构助词虽然在理论上很容易区分，然而在实际运用中则由于汉语词类兼类现象多，有时词性难以确定，所以在使用时会造成一定的麻烦。

自动换行符

上下两部分文字仍在同一段落中

插入分节符和分页符后都能实现分页功能，那么什么时候用分节符，什么时候用分页符？有以下两个原则。

分节符：需要设置不同的页眉、页脚、纸张方向等格式时，插入相应的分节符。

分页符：仅另起一页显示或录入新内容，页眉、页脚等格式不变时，插入分页符。

## 5.4 第 3 步：文档的页面、封面设置

教学视频

规划论文文档后，就可以开始设置文档的页面及封面。

## 5.4.1 设置文档页面

设置文档页面就是设置纸张大小、页边距，以及页眉、页脚距边界位置等。

通常而言，国内大学毕业论文使用纸张大小为 A4，也就是 Word 默认的纸张大小。

页边距是页面四周的留白，页眉、页脚距边界位置则是页眉文字上方和页脚文字下方的空白区域。

下面是一种常见的毕业论文页面设置要求：

纸型：A4 标准纸；

方向：纵向；

页边距：左 3cm，右 2.5cm，上 2.8cm，下 2.5cm；

页眉距边界：1.5cm；

页脚距边界：1.5cm。

### 1 设置纸张大小及方向

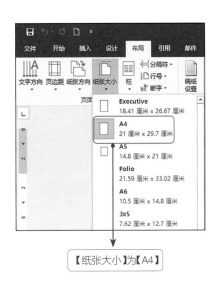

【纸张大小】为【A4】

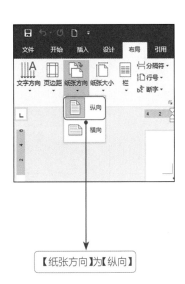

【纸张方向】为【纵向】

## 2 设置页边距

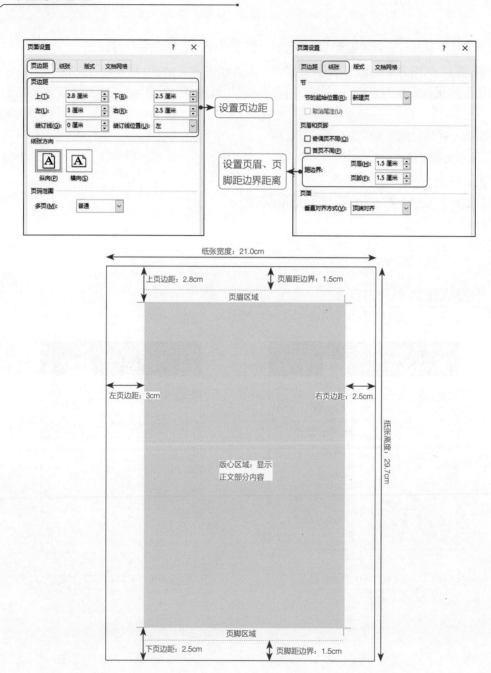

设置页边距

设置页眉、页脚距边界距离

纸张宽度：21.0cm

上页边距：2.8cm

页眉距边界：1.5cm

页眉区域

左页边距：3cm

右页边距：2.5cm

版心区域：显示正文部分内容

纸张高度：29.7cm

页脚区域

下页边距：2.5cm

页脚距边界：1.5cm

毕业论文的封面通常包含学校名称、论文题目、院系名称、学生姓名、学号、指导教师姓名等内容，如下图所示。

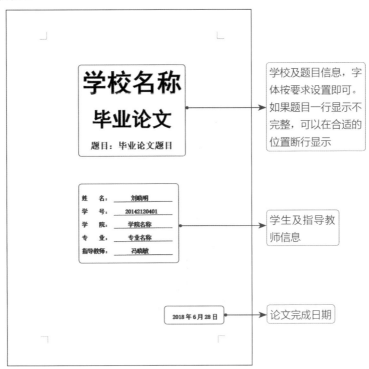

论文封面内容不多，看似操作简单，但有时添加的下画线总是对不齐，多一个空格长一些，删一个空格短一些，可以使用下图所示的方法让添加的下画线整齐、长度一致。

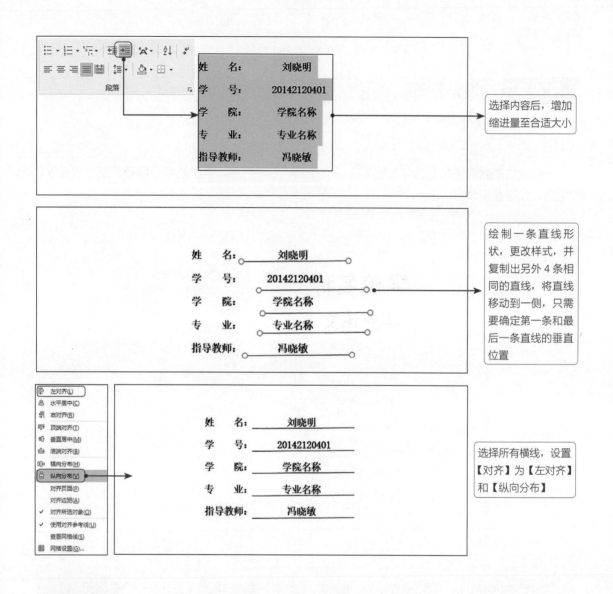

选择内容后，增加缩进量至合适大小

绘制一条直线形状，更改样式，并复制出另外 4 条相同的直线，将直线移动到一侧，只需要确定第一条和最后一条直线的垂直位置

选择所有横线，设置【对齐】为【左对齐】和【纵向分布】

## 5.5 第 4 步：段落样式和多级列表

段落样式和多级列表是长文档排版中常用的操作，只需要一次设置，就能反复使用，可以省略使用格式刷的烦琐操作，是提高排版效率的关键。

## 5.5.1 ▶ 设置段落样式

前面已经介绍了段落样式的创建、修改及应用操作。在撰写长文档正文时，可以先设置好标题样式及正文样式，在排版时，根据内容增加其他样式。

### 1 标题样式

在长文档中，标题层次较多，规范使用标题便于查看和管理文档。在 Word 中提供了 9 级样式，分别对应 1~9 级大纲级别。

这里介绍一种更加便捷的新建样式的方法，同时介绍使用其他方法创建样式时如何设置大纲级别。

（1）直接在内置标题样式上右击，在弹出的快捷菜单中选择【修改】选项，在打开的【修改样式】对话框中直接修改样式。

在排版文档时，默认情况下，不单独将标题显示在上一页页末，而将正文显示在下一页页首，这样不仅不方便阅读，文档看起来也不专业，使用内置样式直接修改就可以有效避免这种情况，这是因为设置了【与下段同页】和【段中不分页】。

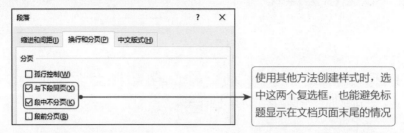

使用其他方法创建样式时，选中这两个复选框，也能避免标题显示在文档页面末尾的情况

（2）可以在【样式】窗格中单击【新建样式】按钮创建新样式，然后根据需要修改样式。使用这种方法时，需要设置标题的大纲级别。

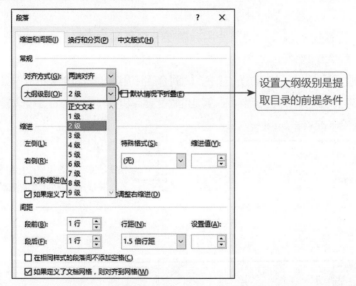

设置大纲级别是提取目录的前提条件

设置大纲级别后，选中【视图】→【显示】→【导航窗格】复选框，即可在【导航窗格】中显示设置了大纲级别的标题。

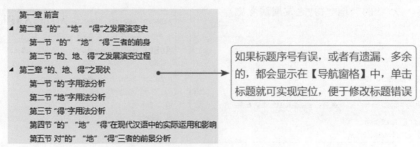

如果标题序号有误，或者有遗漏、多余的，都会显示在【导航窗格】中，单击标题就可实现定位，便于修改标题错误

（3）输入文字内容后，设置文字及段落样式，大纲级别可以直接在【段落】对话框中设置，然后将设置好格式的内容指定为样式。

将光标定位于设置好格式的段落，选择【创建样式】选项，在打开的对话框中设置名称即可

## 2 正文样式

除标题外，其他文字大多属于正文样式，创建正文样式的过程中需要注意以下几点。

（1）同一个段落中既包含汉字又包含英文或数字，并且字体不同。

通常论文正文中中文使用"宋体"，英文或数字使用的是"Times New Roman"字体，在修改或新建样式时，选择【修改样式】对话框中的【格式】→【字体】选项，在打开的【字体】对话框中可以分别设置同一段落中的中文和英文字体。

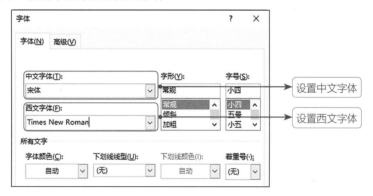

（2）有些段落左右两侧都对齐，但包含英文或数字时，右侧会参差不齐。

这是由于将段落对齐方式设置为了【左对齐】，将对齐方式更改为【两端对齐】即可。两端对齐方式可以同时保证左、右两个边缘均在一条直线上，使文档看起来更工整。在【修改样式】对话框中选择【格式】→【段落】选项，在打开的【段落】对话框中即可设置。

据统计：世界 500 强的企业中，35%企业是家族企业，达 175 家；股票上市的大型公司中，家族控制的占 43%。在西方发达国家，家族企业是主流的企业组织形式。

美国 90%的企业由家族控制，如可以随口说来的福特、安利集团、沃尔玛、杜邦、戴尔等著名企业，他们的发展在美国经济的发展中占有举足轻重的地位。

英国 8000 家大公司中 76%是家族企业，产值占 GDP 的 70%；德国所有企业中 80%是家庭企业；澳大利亚 80%的非上市公司是由家族控制的。

在韩国，家族企业控制了企业总数的 48.2%；泰国的五大金融集团都是家族企业，储蓄额占全国 70%以上，总产值占 GDP 的 50%。在发展中国家，印度 500 家大公司有 75%由家族控制。拉丁美洲家族企业占所有私人公司的 80%～90%。

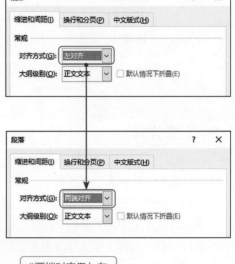

"左对齐"时，左侧边缘工整、右侧边缘参差不齐，不美观

据统计：世界 500 强的企业中，35%企业是家族企业，达 175 家；股票上市的大型公司中，家族控制的占 43%。在西方发达国家，家族企业是主流的企业组织形式。

美国 90%的企业由家族控制，如可以随口说来的福特、安利集团、沃尔玛、杜邦、戴尔等著名企业，他们的发展在美国经济的发展中占有举足轻重的地位。

英国 8000 家大公司中 76%是家族企业，产值占 GDP 的 70%；德国所有企业中 80%是家庭企业；澳大利亚 80%的非上市公司是由家族控制的。

在韩国，家族企业控制了企业总数的 48.2%；泰国的五大金融集团都是家族企业，储蓄额占全国 70%以上，总产值占 GDP 的 50%。在发展中国家，印度 500 家大公司有 75%由家族控制。拉丁美洲家族企业占所有私人公司的 80%～90%。

"两端对齐"时，左、右两侧边缘整齐

（3）设置标题样式按【Enter】键后，能否自动显示为正文样式？

通常在输入一段文字后，按【Enter】键，会自动重复上一段落的样式，也可以设置标题样式的后续段落样式为"正文"，设置标题样式后，按【Enter】键，即可自动切换至正文样式。

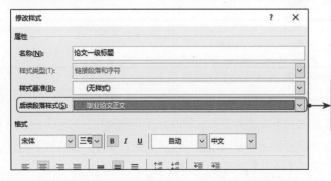

选择标题样式并右击，在弹出的快捷菜单中选择【修改】选项，在打开的对话框中将【后续段落样式】设置为"毕业论文正文"样式即可

多级列表是 Word 提供的实现多级编号功能，与编号功能不同，多级列表可以实现不同级别之间的嵌套。如一级标题、二级标题、三级标题等之间的嵌套，"第 1 章""第 2 章"等属于一级标题，"2.1""3.2"等属于二级标题，"2.1.2""2.2.3"等属于三级标题。

使用多级列表最大的优势在于，更改标题的位置后，编号会自动更新，而手动输入的编号则需要重新修改。

| 第 1 章 绪论 | 第 1 章 绪论 | 第1章 绪论 |
|---|---|---|
| 第 2 章 家族企业的概述 | 第 2 章 家族企业的概述 | 第2章 家族企业的概述 |
|   2.1 家族企业的定义 |   2.1 家族企业的定义 |   2.1 家族企业的定义 |
|   2.2 我国家族企业产生的背景 |   2.2 我国家族企业产生的背景 |   2.2 我国家族企业产生的背景 |
| 第 3 章 家族企业的发展现状 | 第 4 章 家族企业的先天优势 | 第3章 家族企业的先天优势 |
|   3.1 国外家族企业的发展现状 |   4.1 较强的凝聚力和信任度 |   3.1 较强的凝聚力和信任度 |
|   3.2 我国家族企业的发展现状 |   4.2 家族利益一致，决策效率高 |   3.2 家族利益一致，决策效率高 |
|     3.2.1 企业规模 |   4.3 灵活的企业机制 |   3.3 灵活的企业机制 |
|     3.2.2 产权关系 |   4.4 降低了运营成本 |   3.4 降低了运营成本 |
| 第 4 章 家族企业的先天优势 |     4.4.1 降低管理成本 |     3.4.1 降低管理成本 |
|   4.1 较强的凝聚力和信任度 |     4.4.2 降低监控成本 |     3.4.2 降低监控成本 |
|   4.2 家族利益一致，决策效率高 | 第 3 章 家族企业的发展现状 | 第4章 家族企业的发展现状 |
|   4.3 灵活的企业机制 |   3.1 国外家族企业的发展现状 |   4.1 国外家族企业的发展现状 |
|   4.4 降低了运营成本 |   3.2 我国家族企业的发展现状 |   4.2 我国家族企业的发展现状 |
|     4.4.1 降低管理成本 |     3.2.1 企业规模 |     4.2.1 企业规模 |
|     4.4.2 降低监控成本 |     3.2.2 产权关系 |     4.2.2 产权关系 |
| 原输入效果，需将第 3 章和第 4 章更换位置 | 手动输入更换后效果，需重新修改章节号 | 多级列表更换后效果，序号会自动更新 |

## 1 新建多级列表样式

如果要为长文档编写如上图所示的包含多级列表标题的目录文档，可以使用下图所示的方法进行创建。

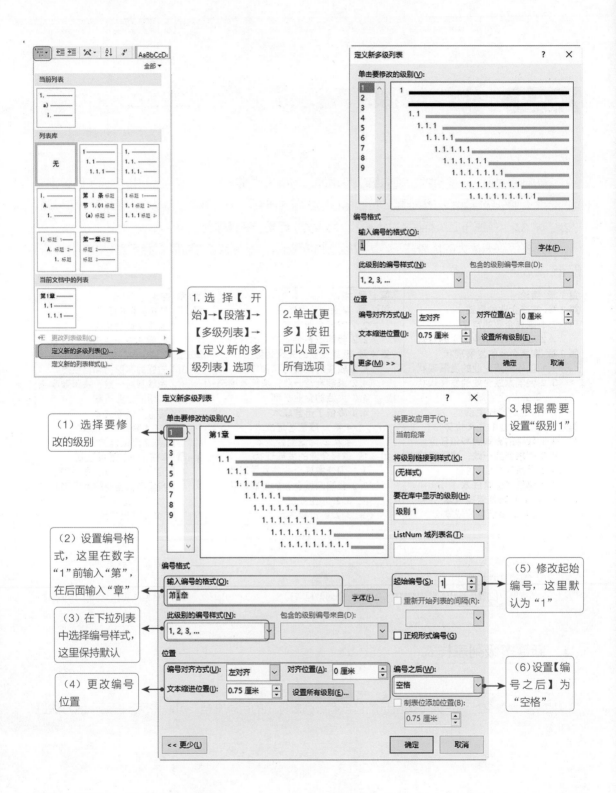

1. 选择【开始】→【段落】→【多级列表】→【定义新的多级列表】选项

2. 单击【更多】按钮可以显示所有选项

3. 根据需要设置"级别1"

（1）选择要修改的级别

（2）设置编号格式，这里在数字"1"前输入"第"，在后面输入"章"

（3）在下拉列表中选择编号样式，这里保持默认

（4）更改编号位置

（5）修改起始编号，这里默认为"1"

（6）设置【编号之后】为"空格"

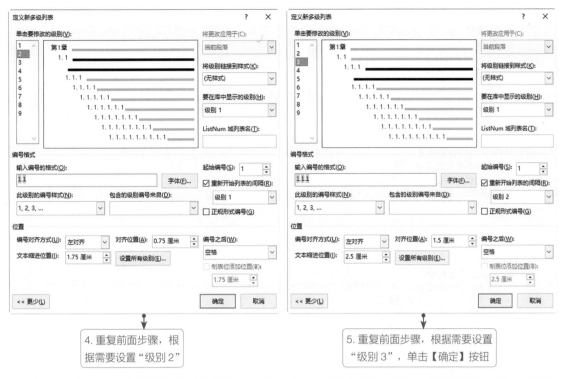

4. 重复前面步骤，根
据需要设置"级别 2"

5. 重复前面步骤，根据需要设置
"级别 3"，单击【确定】按钮

至此，就完成了多级列表样式的创建，文档中会自动显示"第 1 章"，然后就可以输入内容了。这里先输入"绪论"。

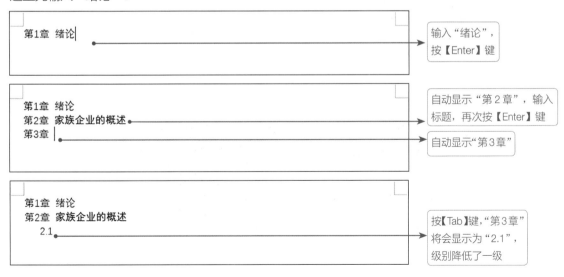

第1章 绪论|

输入"绪论"，
按【Enter】键

第1章 绪论
第2章 家族企业的概述
第3章 |

自动显示"第 2 章"，输入
标题，再次按【Enter】键

自动显示"第 3 章"

第1章 绪论
第2章 家族企业的概述
　　2.1

按【Tab】键，"第 3 章"
将会显示为"2.1"，
级别降低了一级

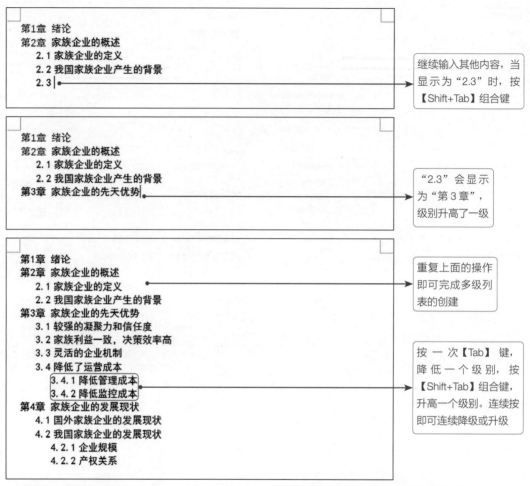

第1章　绪论
第2章　家族企业的概述
　　2.1 家族企业的定义
　　2.2 我国家族企业产生的背景
　　2.3 |

继续输入其他内容，当显示为"2.3"时，按【Shift+Tab】组合键

第1章　绪论
第2章　家族企业的概述
　　2.1 家族企业的定义
　　2.2 我国家族企业产生的背景
第3章　家族企业的先天优势|

"2.3"会显示为"第3章"，级别升高了一级

第1章　绪论
第2章　家族企业的概述
　　2.1 家族企业的定义
　　2.2 我国家族企业产生的背景
第3章　家族企业的先天优势
　　3.1 较强的凝聚力和信任度
　　3.2 家族利益一致，决策效率高
　　3.3 灵活的企业机制
　　3.4 降低了运营成本
　　　　3.4.1 降低管理成本
　　　　3.4.2 降低监控成本
第4章　家族企业的发展现状
　　4.1 国外家族企业的发展现状
　　4.2 我国家族企业的发展现状
　　　　4.2.1 企业规模
　　　　4.2.2 产权关系

重复上面的操作即可完成多级列表的创建

按一次【Tab】键，降低一个级别，按【Shift+Tab】组合键，升高一个级别。连续按即可连续降级或升级

如果要在标题下添加文字说明，在显示标题时，按【Backspace】键，即可删除编号，输入内容后，按【Enter】键，选择【开始】→【段落】→【多级列表】选项，即可重新开始编号。

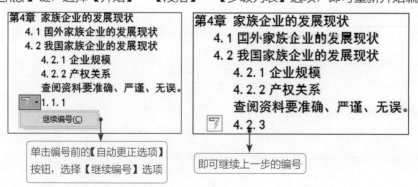

第4章　家族企业的发展现状
　　4.1 国外家族企业的发展现状
　　4.2 我国家族企业的发展现状
　　　　4.2.1 企业规模
　　　　4.2.2 产权关系
　　　　查阅资料要准确、严谨、无误。
　　1.1.1
　　继续编号(C)

单击编号前的【自动更正选项】按钮，选择【继续编号】选项

第4章　家族企业的发展现状
　　4.1 国外家族企业的发展现状
　　4.2 我国家族企业的发展现状
　　　　4.2.1 企业规模
　　　　4.2.2 产权关系
　　　　查阅资料要准确、严谨、无误。
　　4.2.3

即可继续上一步的编号

## ② 将多级列表链接到标题样式

在正式撰写论文的过程中，已经设置了标题样式，还能否使用多级列表？

当然可以，通过将多级列表中的级别链接至标题样式中即可实现，前提是标题样式已设置完成。可以在创建多级列表时将多级列表级别链接至标题样式，如果创建多级列表时忘记链接了，只需要再次打开【定义新多级列表】对话框，重新添加链接即可。

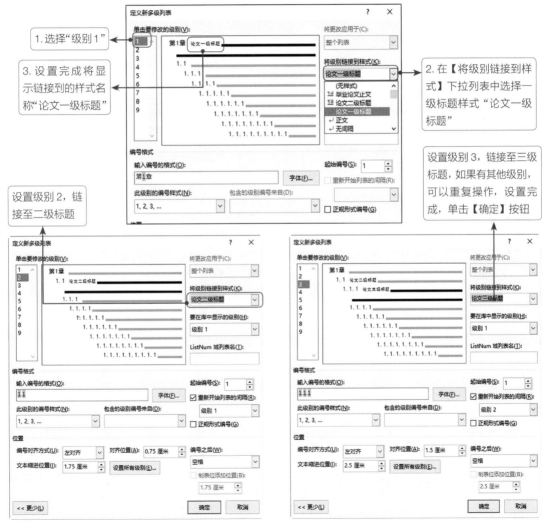

最后，只需要为文字应用标题样式，即可自动添加对应的多级列表编号。

## 3 在【导航】窗格中快速调整文档结构

撰写论文后，如果要调整标题及所有正文内容的位置，直接通过【导航】窗格就可以完成，多级列表编号会自动调整。

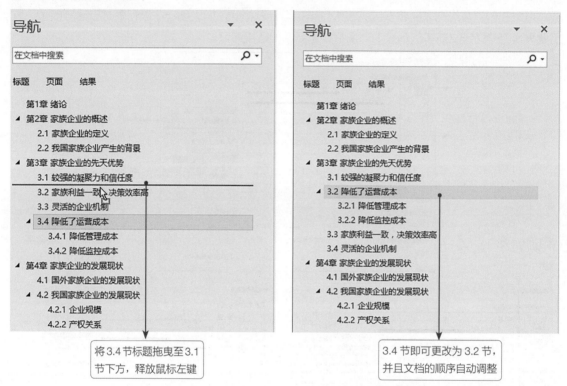

将3.4节标题拖曳至3.1节下方，释放鼠标左键

3.4节即可更改为3.2节，并且文档的顺序自动调整

# 5.6 第5步：轻松搞定页眉和页码

在论文排版中，页眉和页码是比较难搞定的，要么一改全改，要么改不了。下面就来介绍页眉和页码的高级设置方法，让大家轻松搞定。

插入页眉的操作比较简单，Word 提供了空白的页眉及多个设置好的页眉样式，插入页眉后，文档中所有的页面都会显示该页眉，如果要插入不同的页眉，可以先使用分节符将文档分为不同的节，再单独设置页眉。

## 1 首页不显示页眉

有封面的文档，封面不需要显示页眉。设置首页不显示页眉的操作比较简单，只要选中【页眉和页脚工具】→【设计】→【选项】→【首页不同】复选框即可。

## 2 奇偶页不同页眉

设置奇偶页页眉不同，在长文档页眉中可以显示更多的信息，选中【页眉和页脚工具】→【设计】→【选项】→【奇偶页不同】复选框，然后分别设置奇数页页眉和偶数页页眉即可。

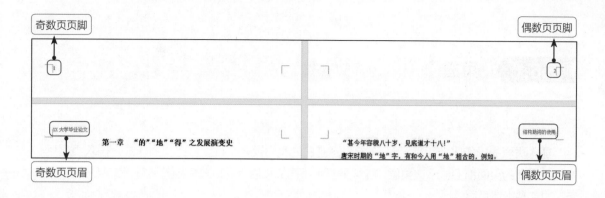

奇数页页脚　　　　　　　　　　　　　　　　偶数页页脚

奇数页页眉　　　　　　　　　　　　　　　　偶数页页眉

## 3　不同节不同页眉

插入页眉时，后方的页眉会自动"链接到前一条页眉"，因此，在不同节插入不同的页眉，首先需要插入分节符（下一页）并手动取消"链接到前一条页眉"，断开各节页眉之间的联系。

（1）插入分节符（下一节）。

情况一：如果正文使用的是统一的页眉，或者奇数页相同，但奇偶页不同的页眉。

参照 5.3.2 节在"版权声明""摘要""目录""致谢"页面后插入分节符（下一节）。

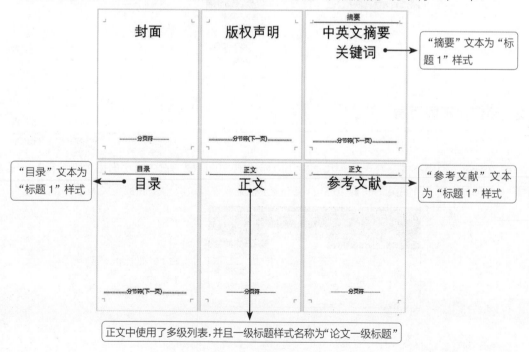

“致谢”文本为“标题1”样式

情况二：如果正文要插入当前章节信息，如第一章页眉显示"第一章"，第二章页眉显示"第二章"……参考文献页眉显示"参考文献"，致谢页面页眉显示"致谢"。

第二种情况则需要在"版权声明""摘要""目录""正文"页面后插入分节符（下一节），之后使用 StyleRef 域。

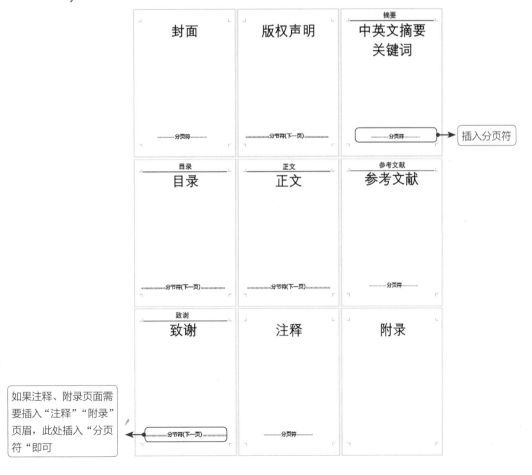

插入分页符

如果注释、附录页面需要插入"注释""附录"页眉，此处插入"分页符"即可

（2）取消【链接到前一条页眉】。

在需要单独插入页眉的页眉位置双击，或者右击，在弹出的快捷菜单中选择【编辑页眉】选项，进入页眉页脚视图。

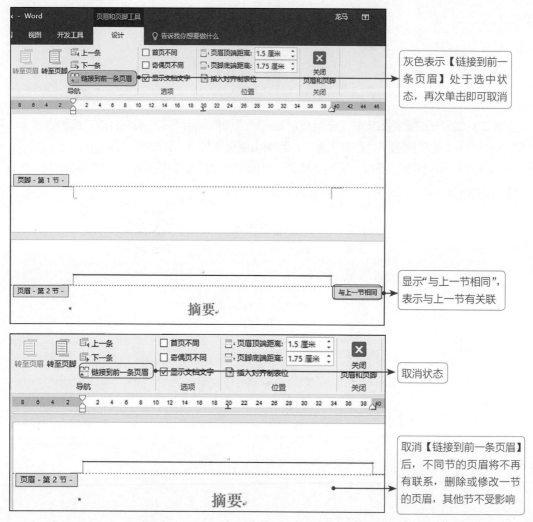

（3）插入页眉。

情况一：如果正文使用的是统一的页眉，或者奇数页相同，但偶数页不同的页眉。

在"摘要"页面页眉处双击，输入页眉"摘要"，其他节页眉不受影响。

使用同样的方法，在目录页面页眉位置插入页眉。之后的正文内容将插入奇偶页不同的页眉。如奇数页页眉插入"XX大学毕业论文"，段落"右对齐"，偶数页页眉插入"毕业论文题目"，段落"左对齐"。

在正文第一页页眉双击，进入页眉页脚编辑状态后，选中【奇偶页不同】复选框。

在奇数页页眉插入"XX大学毕业论文"，并设置【对齐方式】为"右对齐"，在偶数页页眉插入"毕业论文题目"，设置【对齐方式】为"左对齐"。

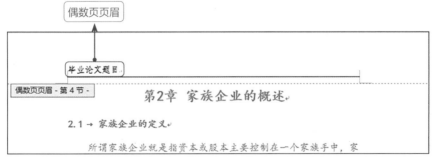

情况二：如果正文页眉要插入当前章节信息，如第1章页眉显示"第1章"，第2章页眉显示"第2章"……参考文献页眉显示"参考文献"，致谢页面页眉显示"致谢"，则使用StyleRef域。

分别在"摘要""参考文献"页面页眉处双击，进入页眉编辑状态，选择【插入】→【文档部件】→【域】选项，打开【域】对话框。

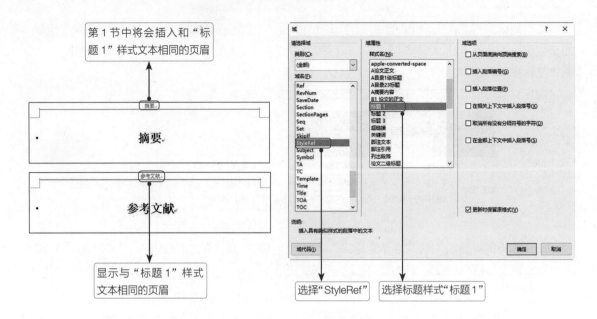

第 1 节中将会插入和"标题 1"样式文本相同的页眉

显示与"标题 1"样式文本相同的页眉

选择"StyleRef"

选择标题样式"标题 1"

在"正文"页面，一级标题是由多级列表及"论文一级标题"共同控制的，因此，在插入域时，需插入两个 StyleRef 域，在正文页眉处双击，进入编辑状态，选择【插入】→【文档部件】→【域】选项。

第一次插入时选中【插入段落编号】复选框

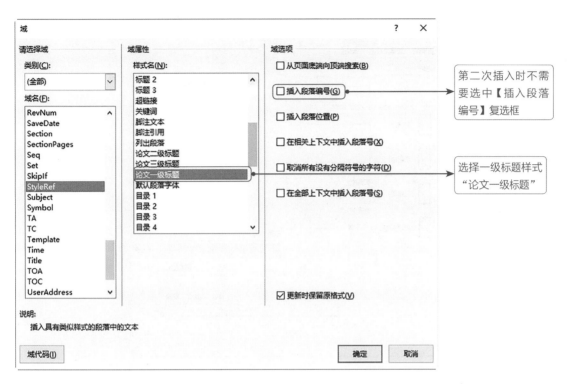

第二次插入时不需要选中【插入段落编号】复选框

选择一级标题样式"论文一级标题"

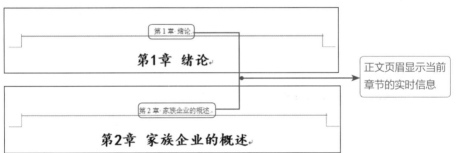

正文页眉显示当前章节的实时信息

## 4 去掉页眉中的横线

插入页眉后，在页眉位置会显示一条横线，怎样去掉？

Word默认包含的段落下框线，用于分割页眉和下方内容

知识拓展

将光标定位于页眉文本内。

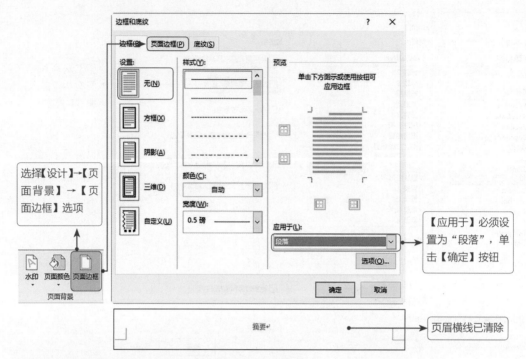

选择【设计】→【页面背景】→【页面边框】选项

【应用于】必须设置为"段落",单击【确定】按钮

页眉横线已清除

如果需要在页眉下方添加其他有个性的横线能实现吗?

只需要重复上面的操作,设置下框线样式即可为页眉添加个性的分割线。

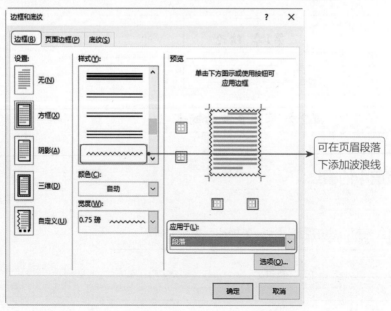

可在页眉段落下添加波浪线

页码一般显示在页脚位置，同插入页眉类似，包含多种页码时，同样需要插入分节符（下一页），并取消【链接到前一条页眉】。

① **设置不同节不同页码编号格式**

在插入页眉时已经添加了分节符（下一页），并取消【链接到前一条页眉】，这里不再重复，如果不需要页眉，可以按照 5.6.1 节的方法操作。

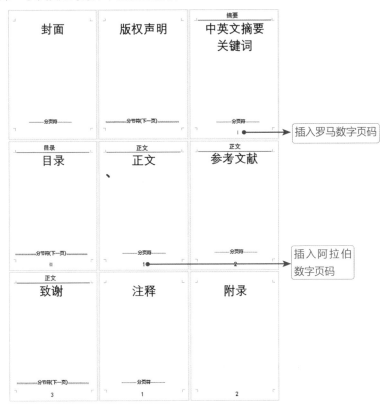

在第2节插入页码后，选择【页眉和页脚工具】→【设计】→【页眉和页脚】→【页码】→【设置页码格式】选项。

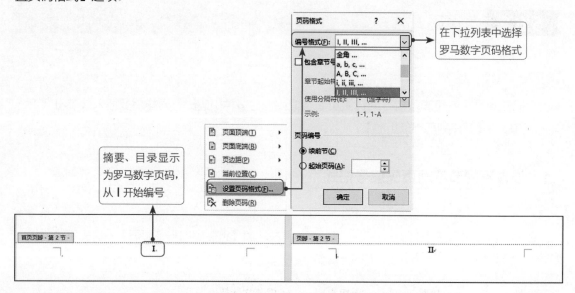

## 2　插入页码后，页码从第2页显示

插入页码后，发现第1页页码从"2"开始显示，这时可分为以下两种情况。

情况一：添加了分节符。

首先检查是否取消了【链接到前一条页眉】，然后将鼠标光标定位至第1页页码位置，打开【页码格式】对话框。

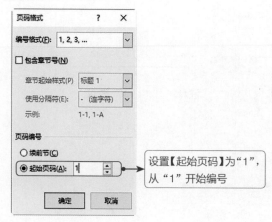

情况二：没有分节符，但首页为封面，选中【首页不同】复选框。

此时，只需要将【起始页码】设置为"0"即可。

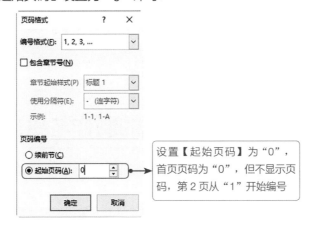

设置【起始页码】为"0"，首页页码为"0"，但不显示页码，第2页从"1"开始编号

## 3　不同节页码如何连续

添加了分节符（下一页），如果需要不同节之间页码连续。在【页码编号】栏选中【续前节】单选按钮即可。

选中【续前节】单选按钮，页码将连续编号

## 4　奇偶页不同页码的设置

奇偶页页码不同，需要分别在奇数页和偶数页取消【链接到前一条页眉】，并分别在奇数页和偶数页各设置一次页码。

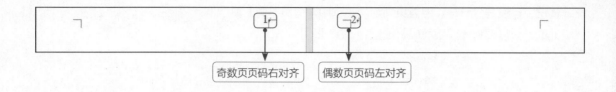

奇数页页码右对齐　　　偶数页页码左对齐

## 5.7　第 6 步：参考文献的制作与引用

参考文献是在撰写论文过程中对整体参考或者借鉴某一著作或论文的说明。参考文献格式较为复杂，容易出错，在编写参考文献时，可参照相关的标准。

| 文献类别 | 规范格式 |
|---|---|
| 普通图书 | [序号]作者.书名[M].出版地：出版社，出版年份，起止页码. |
| 期刊析出 | [序号]主要责任者.文献题名[J].刊名，年，卷（期）：起止页码. |
| 论文集 | [序号]作者.论文集[C].出版地：出版者，出版年. |
| 学位论文 | [序号]作者.文题[D].所在城市：保存单位，发布年份. |
| 专利文献 | [序号]申请者.专利名：国名，专利号[P].发布日期. |
| 技术标准 | [序号]技术标准代号，技术标准名称[S].地名：责任单位，发布年份. |
| 科技报告 | [序号]作者.文题，报告代码及编号[R].地名：责任单位，发布年份. |
| 报纸文章 | [序号]作者.文题[N].报纸名，出版日期（版次）. |

### 5.7.1　参考文献的制作

参考文献采用实引方式，在正文中使用上标形式（[1][2]……）标注，并且与文档末尾的参考文献形成一一对应关系。

排版毕业论文时，如果手动在正文插入上标形式的标注，在文档末尾输入参考文献，这样不仅效率低，还容易出错，费神费力。

下面介绍几种快速生成参考文献的方法。

方法一：搜索并打开"中国知网"，在【文献检索】文本框中通过关键词搜索，选择与正文相关的参考文献，将其导出，然后复制并粘贴至 Word 文档中即可。

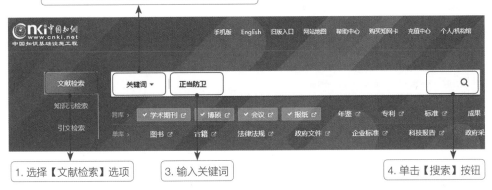

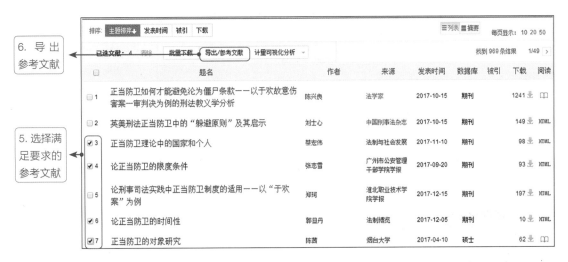

方法二：使用谷歌学术、百度学术直接搜索并导出标准的参考文献格式。

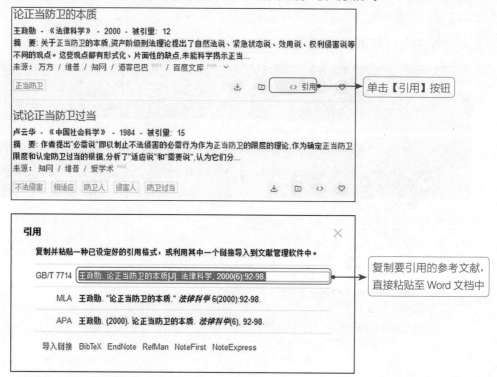

方法三：使用参考文献格式生成器。

在网络中搜索"参考文献格式生成器"，根据提示填入相关内容，即可生成标准格式的参考文献。

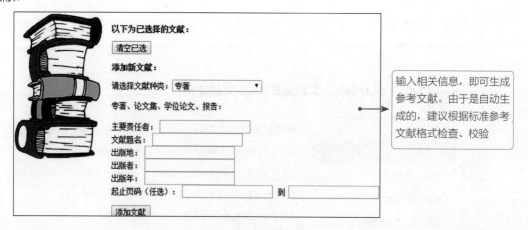

使用 5.7.1 节的方法生成参考文献，为其添加编号，使用 Word 提供的交叉引用功能，在正文合适的位置引用生成的参考文献序号，最后将正文中引用的编号设置为上标形式即可。

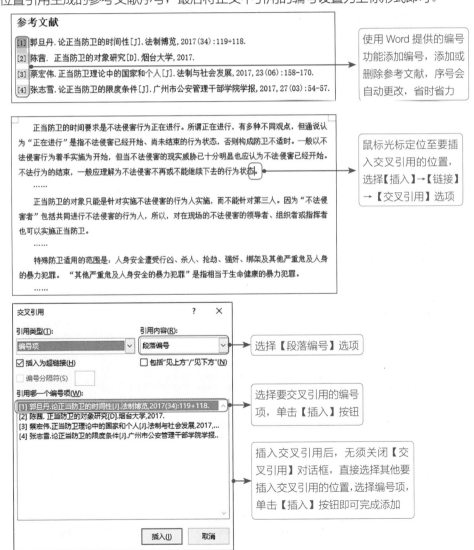

**参考文献**

[1] 郭旦丹. 论正当防卫的时间性[J]. 法制博览, 2017(34):119+118.
[2] 陈茜. 正当防卫的对象研究[D]. 烟台大学, 2017.
[3] 蔡宏伟. 正当防卫理论中的国家和个人[J]. 法制与社会发展, 2017, 23(06):158-170.
[4] 张志雪. 论正当防卫的限度条件[J]. 广州市公安管理干部学院学报, 2017, 27(03):54-57.

> 使用 Word 提供的编号功能添加编号，添加或删除参考文献，序号会自动更改，省时省力

正当防卫的时间要求是不法侵害行为正在进行。所谓正在进行，有多种不同观点，但通说认为 "正在进行" 是指不法侵害已经开始、尚未结束的行为状态，否则构成防卫不适时。一般以不法侵害行为着手实施为开始，但当不法侵害的现实威胁已十分明显也应认为不法侵害已经开始。不法行为的结束，一般应理解为不法侵害不再或不能继续下去的行为状态。
……

正当防卫的对象只能是针对实施不法侵害的行为人实施，而不能针对第三人。因为 "不法侵害者" 包括共同进行不法侵害的行为人，所以，对在现场的不法侵害的领导者、组织者或指挥者也可以实施正当防卫。
……

特殊防卫适用的范围是：人身安全遭受行凶、杀人、抢劫、强奸、绑架及其他严重危及人身的暴力犯罪。"其他严重危及人身安全的暴力犯罪" 是指相当于生命健康的暴力犯罪。
……

> 鼠标光标定位至要插入交叉引用的位置，选择【插入】→【链接】→【交叉引用】选项

**交叉引用**                                      ?  ×

引用类型(T)：                    引用内容(R)：
编号项                   ∨       段落编号             ∨

☑ 插入为超链接(H)              □ 包括"见上方"/"见下方"(N)
□ 编号分隔符(S)  [    ]

引用哪一个编号项(W)：
[1] 郭旦丹.论正当防卫的时间性[J].法制博览,2017(34):119+118.
[2] 陈茜.正当防卫的对象研究[D].烟台大学,2017.
[3] 蔡宏伟.正当防卫理论中的国家和个人[J].法制与社会发展,2017,...
[4] 张志雪.论正当防卫的限度条件[J].广州市公安管理干部学院学报...

插入(I)          取消

> 选择【段落编号】选项

> 选择要交叉引用的编号项，单击【插入】按钮

> 插入交叉引用后，无须关闭【交叉引用】对话框，直接选择其他要插入交叉引用的位置，选择编号项，单击【插入】按钮即可完成添加

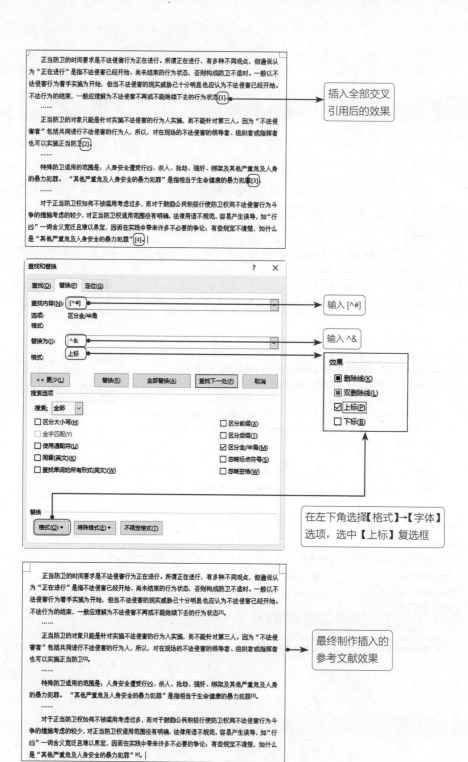

正当防卫的时间要求是不法侵害行为正在进行。所谓正在进行，有多种不同观点，但通说认为"正在进行"是指不法侵害已经开始、尚未结束的行为状态，否则构成防卫不适时。一般以不法侵害行为着手实施为开始，但当不法侵害的现实威胁已十分明显也应认为不法侵害已经开始。不法行为的结束，一般应理解为不法侵害不再或不能继续下去的行为状态[1]。

......

正当防卫的对象只能是针对实施不法侵害的行为人实施，而不能针对第三人。因为"不法侵害者"包括共同进行不法侵害的行为人，所以，对在现场的不法侵害的领导者、组织者或指挥者也可以实施正当防卫[2]。

......

特殊防卫适用的范围是，人身安全遭受行凶、杀人、抢劫、强奸、绑架及其他严重危及人身的暴力犯罪。"其他严重危及人身安全的暴力犯罪"是指相当于生命健康的暴力犯罪[3]。

......

对于正当防卫权如何不被滥用而考虑过多，而对于鼓励公民积极行使防卫权同不法侵害行为斗争的措施考虑的较少，对正当防卫权适用范围没有明确，法律用语不规范，容易产生误导，如"行凶"一词含义宽泛且难以界定，因而在实践中带来许多不必要的争论，有些规定不清楚，如什么是"其他严重危及人身安全的暴力犯罪"[4]。|

插入全部交叉
引用后的效果

输入 [^#]

输入 ^&

在左下角选择【格式】→【字体】
选项，选中【上标】复选框

正当防卫的时间要求是不法侵害行为正在进行。所谓正在进行，有多种不同观点，但通说认为"正在进行"是指不法侵害已经开始、尚未结束的行为状态，否则构成防卫不适时。一般以不法侵害行为着手实施为开始，但当不法侵害的现实威胁已十分明显也应认为不法侵害已经开始。不法行为的结束，一般应理解为不法侵害不再或不能继续下去的行为状态[1]。

......

正当防卫的对象只能是针对实施不法侵害的行为人实施，而不能针对第三人。因为"不法侵害者"包括共同进行不法侵害的行为人，所以，对在现场的不法侵害的领导者、组织者或指挥者也可以实施正当防卫[2]。

......

特殊防卫适用的范围是，人身安全遭受行凶、杀人、抢劫、强奸、绑架及其他严重危及人身的暴力犯罪。"其他严重危及人身安全的暴力犯罪"是指相当于生命健康的暴力犯罪[3]。

......

对于正当防卫权如何不被滥用而考虑过多，而对于鼓励公民积极行使防卫权同不法侵害行为斗争的措施考虑的较少，对正当防卫权适用范围没有明确，法律用语不规范，容易产生误导，如"行凶"一词含义宽泛且难以界定，因而在实践中带来许多不必要的争论，有些规定不清楚，如什么是"其他严重危及人身安全的暴力犯罪"[4]。|

最终制作插入的
参考文献效果

使用插入尾注的方法也可以插入参考文献，尾注是由注释标记和注释文本相互链接组成的，删除注释标记，注释文本也会被删除。添加或删除注释标记后，其他注释标记会自动重新编号。

## 1 插入下一页分节符

尾注的位置可以在一节或文档的结尾，因此，为保证参考文献页面在致谢页面之前，使用尾注创建参考文献时，需要在参考文献和致谢页面之间插入分节符（下一页），否则，参考文献内容将显示在致谢页面后。

## 2 通过插入尾注的方法插入参考文献

将鼠标光标定位于要插入尾注的位置，选中【引用】→【脚注】→【尾注】单选按钮，然后根据需要设置即可。

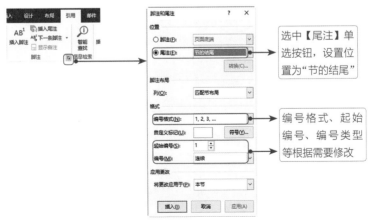

正当防卫的时间要求是不法侵害行为正在进行。所谓正在进行，有多种不同观点，但通说认为"正在进行"是指不法侵害已经开始、尚未结束的行为状态，否则构成防卫不适时。一般以不法侵害行为着手实施为开始，但当不法侵害的现实威胁已十分明显也应认为不法侵害已经开始。不法行为的结束，一般应理解为不法侵害不再或不能继续下去的行为状态[1]。

······

正当防卫的对象只能是针对实施不法侵害的行为人实施，而不能针对第三人。因为"不法侵害者"包括共同进行不法侵害的行为人，所以，对在现场的不法侵害的领导者、组织者或指挥者也可以实施正当防卫[2]。

······

特殊防卫适用的范围是：人身安全遭受行凶、杀人、抢劫、强奸、绑架及其他严重危及人身的暴力犯罪。"其他严重危及人身安全的暴力犯罪"是指相当于生命健康的暴力犯罪[3]。

······

对于正当防卫权如何不被滥用考虑过多，而对于鼓励公民积极行使防卫权同不法侵害行为斗争的措施考虑的较少，对正当防卫权适用范围没有明确，法律用语不规范，容易产生误导，如"行凶"一词含义宽泛且难以界定，因而在实践中带来许多不必要的争论；有些规定不清楚，如什么是"其他严重危及人身安全的暴力犯罪"[4]。

> 注释标记为上标形式，无须修改样式，但需要添加中括号

## 参考文献

1 郭旦丹.论正当防卫的时间性[J].法制博览,2017(34):119+118.
2 陈茜.正当防卫的对象研究[D].烟台大学,2017.
3 蔡宏伟.正当防卫理论中的国家和个人[J].法制与社会发展,2017,23(06):158-170.
4 张志雪.论正当防卫的限度条件[J].广州市公安管理干部学院学报,2017,27(03):54-57.

> 注释文本前的编号要更改为非上标形式，并且添加中括号

## ③ 为尾注标记添加中括号

正文中的尾注是没有中括号的，可以使用查找替换的方式为其添加中括号。建议添加尾注完成之后再统一替换，否则会出现中括号嵌套。

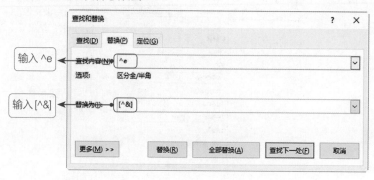

输入 ^e

输入 [^&]

## 4 去除注释文本部分的上标标注

注释文本前的编号也是上标形式，需要将其样式修改为非上标样式，注释文本前的编号是可以直接修改的，如果参考文献数量多那么修改会很麻烦，可以统一查找替换。

将光标放置到【查找内容】文本框内，设置【格式】为"上标"

在【替换为】文本框中输入"^&"，并设置【格式】为"非上标/下标"

参考文献

[1] 郭旦丹.论正当防卫的时间性[J].法制博览,2017(34):119+118.
[2] 陈茜. 正当防卫的对象研究 [D]. 烟台大学, 2017.
[3] 蔡宏伟. 正当防卫理论中的国家和个人 [J].法制与社会发展, 2017, 23 (06) :158-170.
[4] 张志雪. 论正当防卫的限度条件 [J].广州市公安管理干部学院学报, 2017, 27 (03) :54-57.

## 5 去除尾注前的黑线

插入尾注后，在上方会显示一条横线，无法选中，无法删除。下面就介绍如何删除这条横线。

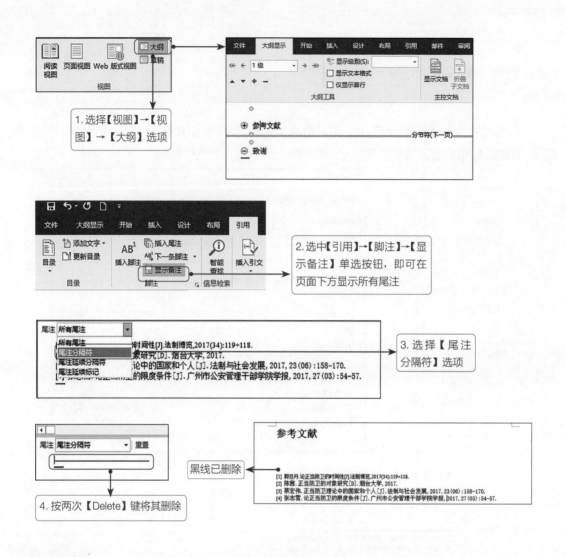

1.选择【视图】→【视图】→【大纲】选项

2.选中【引用】→【脚注】→【显示备注】单选按钮，即可在页面下方显示所有尾注

3.选择【尾注分隔符】选项

黑线已删除

4.按两次【Delete】键将其删除

# 5.8 第7步：给文档添加目录

目录通常放置在正文前，排版时可以在正文前预留空白页，作为目录页，一般毕业论文通常显示到三级标题。

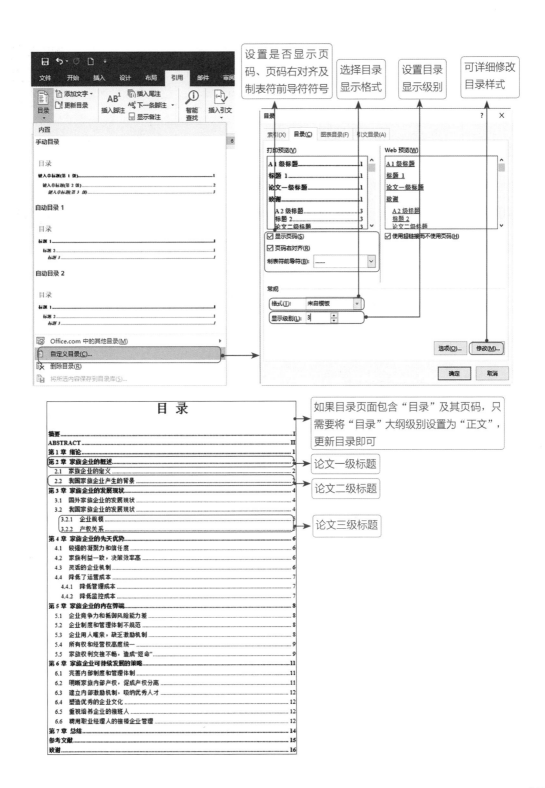

设置是否显示页码、页码右对齐及制表符前导符符号

选择目录显示格式

设置目录显示级别

可详细修改目录样式

如果目录页面包含"目录"及其页码，只需要将"目录"大纲级别设置为"正文"，更新目录即可

论文一级标题

论文二级标题

论文三级标题

生成目录后，修改了文档标题或对文档进行修改，就需要更新目录。

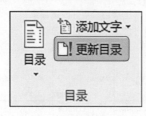 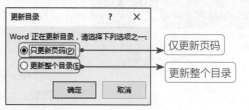 

**高手自测 4**　本章主要介绍长文档排版的七步法，通过本章的学习，可以提升排版效率。结束本章学习之前，先检测一下学习效果吧！

扫描右侧的二维码，即可查看注意事项及操作提示，最终结果可以参阅"结果 \ch05"中相应的文档。

（1）打开"素材 \ch05\ 高手自测 \ 高手自测 1.docx"文档，为其中的内容添加多级列表。

（2）打开"素材 \ch05\ 高手自测 \ 高手自测 2.docx"文档，使用交叉引用添加参考文献。

**一、　企业绩效考核制度中所存在的问题**

　　绩效管理发挥其效用的机制是对组织或者个人设定合理的目标，建立起有效的激励约束的机制，使企业员工向组织所期望的方向来努力，从而也就提高了个人以及组织的绩效。绩效考核作为企业管理必须的管理职能，对企业来说有着重大的现实管理意义。但是就目前来看，企业绩效考核还存在着很多的问题[1]。

　　（一）考核者的主观随意性大

　　考核的主观性比较强，没有明确的考核标准。这样就出现了不平等与不相关的绩效考核标准，在这些考核标准的考核下，考核结果不能全面真实的反映问题，常常是主观印象代替客观现象，不完善的考核体系制约了绩效考核工作的开展[2]。

　　（二）人力资源绩效考核的机制不健全

　　虽然我国现代企业都在积极利用绩效考核的方式提高企业人力资源管理的水平，但目前较多企业的绩效考核都只是沿用或移植国外先进绩效考核方法与标准，缺乏对企业自身实际情况与市场环境变化的考虑，受企业创新意识不足的影响，企业在绩效考核工作上观念陈旧，绩效考核流程停留在表面工作上，考核方式过于单一[3]。在目前较多的企业绩效考核工作中，缺乏量化细则，仅用笔试或口试的方法和业绩考核员工，这样不能全面地了解员工在其他方面的优势，使得考核结果不能真实反映员工的能力。当前，绩效考核方式单一企业员工绩效考核工作带来了趋中倾向、年资或职位倾向、过宽或过严倾向等考核误区[4]。

# 6

## 技巧提升：让你的文档操作得心应手

掌握科学的排版流程和长文档排版七步法并不是终点，这仅是完成了踏上排版之路的准备工作，刚刚来到起点。

排版本就是一件考验能力的事，会方法是基础，提升技巧才是关键，这样才能得心应手、脱颖而出。

教学视频

三键一刷是什么？

其实就是【Alt】键、【Ctrl】键、【F4】键及格式刷。虽然它们小，但却是 Word 中的"扫地僧"，功能强大，如下图所示。

## 1 【Alt】键

Alt 是单词"Alter"的缩写，意思为"改变"。在 Word 中【Alt】键主要用于细节选择和调整。

（1）选择矩形文档区域。

按住【Alt】键，拖曳鼠标，可选择矩形文本区域，之后即可编辑选择的文本，如下图所示。

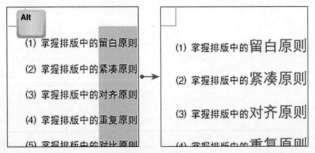

（2）精确调整标尺。

按住【Alt】键，再拖动左右、上下标尺，可精确调整其值，如下图所示。

（3）按【Shift+Alt+ ↑】或【Shift+Alt+ ↓】组合键能调整文档中段落的顺序，也可以调整 Word 表格中的行序，在大纲视图下，可提升或降低段落级别。

（4）在 Word 窗口显示对应菜单和功能快捷键，如下图所示。

按【Alt】键，快速访问工具栏和功能区将会显示包含数字和字母的黑色方块，这些数字和字母就是每个功能对应的快捷键，连续按【Alt】【N】【T】【I】键，即可打开【插入表格】对话框

## 2 【Ctrl】键

"Ctrl"是 Word 中当之无愧的神器，诸如常用的打开【Ctrl+O】、复制【Ctrl+C】、剪切【Ctrl+X】、粘贴【Ctrl+V】、保存【Ctrl+S】等组合键都与【Ctrl】键相关。

除常用的快捷键外，还有很多与【Ctrl】键相关的快捷键，如下表所示。

| 说明 | 按键 |
| --- | --- |
| 创建新文档 | Ctrl+N |
| 关闭文档 | Ctrl+W |
| 查找 | Ctrl+F |

| 说明 | 按键 |
|---|---|
| 替换 | Ctrl+H |
| 右对齐 | Ctrl+R |
| 左对齐 | Ctrl+L |
| 居中对齐 | Ctrl+E |
| 逐磅增大字号 | Ctrl+] |
| 逐磅减小字号 | Ctrl+[ |
| 打开【字体】对话框更改字符格式 | Ctrl+D |
| 应用加粗格式 | Ctrl+B |
| 应用下画线 | Ctrl+U |
| 应用倾斜格式 | Ctrl+I |
| 撤销 | Ctrl+Z |
| 还原 | Ctrl+Y |
| 复制格式 | Ctrl+Shift+C |
| 粘贴格式 | Ctrl+Shift+V |
| 撤销上一个操作 | Ctrl+Z |
| 恢复上一个操作 | Ctrl+Y |
| 增大字号 | Ctrl+Shift+> |
| 减小字号 | Ctrl+Shift+< |
| 向左移动一个字词 | Ctrl+向左键 |
| 向右移动一个字词 | Ctrl+向右键 |
| 向左选取或取消选取一个单词 | Ctrl+Shift+向左键 |
| 向右选取或取消选取一个单词 | Ctrl+Shift+向右键 |

## 3 【F4】键

【F4】键也可以成为"扫地僧"？是不是太夸张了？

不要小看【F4】键，它的核心是重复上一步操作，使用好了，作用可不比【Alt】【Ctrl】键差。

（1）重复输入，无须复制粘贴。

在文档中输入一段文字，如果想要在其他部分重复输入，按【F4】键即可，多次按【F4】键可多次重复，如下图所示。

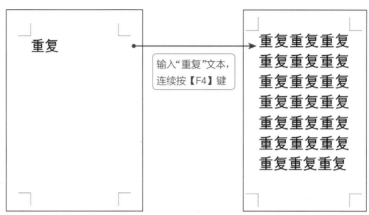

（2）代替格式刷，快速应用上一步格式设置。

选中一段文字并设置样式，如将字体颜色设置为"红色"，选择另一段文本，直接按【F4】键，即可将第2段变为红色，如下图所示。

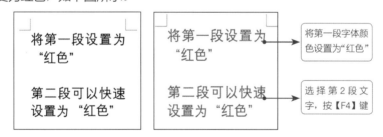

（3）在表格中应用。

在表格中执行增加或删除行、列，合并单元格、填充单元格等操作时，使用【F4】键，可快速完成上一步的操作，如下图所示。

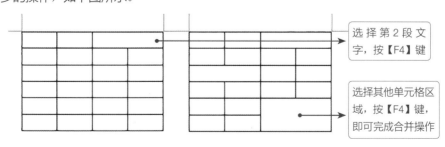

# 4 格式刷

在介绍排版长文档时，说格式刷功能并不实用，这里又说其誉满 Word 武林，不矛盾吗？回答是：不矛盾，格式刷在长文档排版时并不实用，因为格式一旦修改，重复使用格式刷，费时费力；在短文档或其他类型的文档中，格式刷可以复制所选段落的所有样式，并将其应用至其他段落中，可谓是一员"猛将"。

（1）单击一次【格式刷】按钮，仅可使用复制的样式一次，如下图所示。

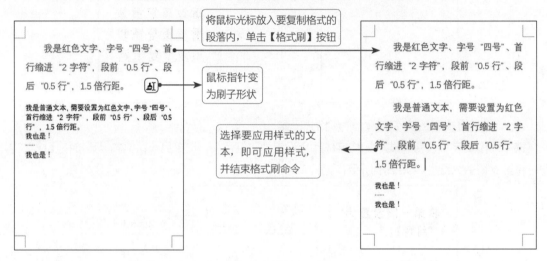

（2）双击【格式刷】按钮，可连续使用，直至按【Esc】键取消格式刷，如下图所示。

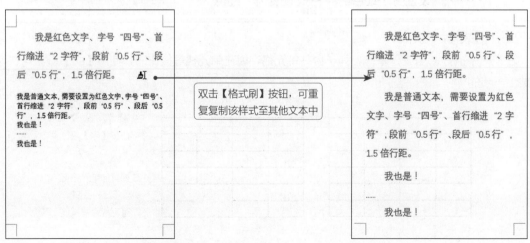

查找（【Ctrl+F】）和替换（【Ctrl+H】）功能大家并不陌生，使用起来也简单快捷。但查找和替换功能远不止经常使用的那么简单，只要是有归路可寻的，就可以使用查找和替换批处理。下面介绍几种常用的操作。

知识拓展

### 1 前后各至少有一个字可以确定，中间有一个或多个需要替换

如果文档中有类似的词组，如"考差工程""考查工程""考场工程"……而又不确定这类词还有哪些"变体"，现在需要将文档中的这类词统一修改为"考察工程"，其操作方法如下图所示。

Word 中提供的部分常用通配符代码及含义如下表所示。

| 代码 | 含义 | 代码 | 含义 |
|---|---|---|---|
| ^? | 任意单个字符（只用于【查找内容】文本框） | ^g或^2 | 脚注标记（只用于【查找内容】文本框） |
| ^# | 任意单个数字（只用于【查找内容】文本框） | ^w | 空白区域 |
| ^$ | 任意英文字母（只用于【查找内容】文本框） | ^m | 手动分页 |
| ^p | 段落标记 | ^e | 尾注标记（只用于【查找内容】文本框） |
| ^l | 手动换行符 | ^d | 域（只用于【查找内容】文本框） |
| ^g或^1 | 图形（只用于【查找内容】文本框） | ^u8195 | 全角空格 |
| ^t | 制表符 | ^32或8194 | 半角空格 |
| ^b | 分节符（只用于【查找内容】文本框） | ^& | 查找的内容（只用于【替换为】文本框） |
| ^s | 不间断空格 | ^c | 剪贴板（只用于【替换为】文本框） |

通配符代码太多不好记，需要时可以单击【特殊格式】按钮，在弹出的下拉列表中直接选择即可，如下图所示。

定位至要插入通配符的位置，直接选择相应的选项即可

## ② 去掉文档中包含的大量空行、空白区域

在 2.3 节已经介绍了去除文档中包含大量空行、空白区域的方法，但有时会发现，去掉空白区域后，仍有部分空白区域，这是什么原因？

首先选择【开始】→【段落】→【显示 / 隐藏编辑标记】选项，显示所有隐藏标记。

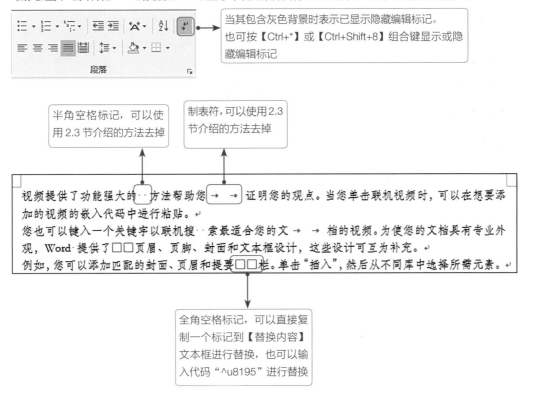

当其包含灰色背景时表示已显示隐藏编辑标记。
也可按【Ctrl+*】或【Ctrl+Shift+8】组合键显示或隐藏编辑标记

半角空格标记，可以使用 2.3 节介绍的方法去掉

制表符，可以使用 2.3 节介绍的方法去掉

全角空格标记，可以直接复制一个标记到【替换内容】文本框进行替换，也可以输入代码 "^u8195" 进行替换

在默认情况下，【查找内容】文本框中是区分全角和半角的。假如文档内容很多，从头至尾检查一遍也很费时费力，可以在【查找和替换】对话框中取消选中【区分全 / 半角】复选框，再单击【替换】按钮，可以一次去掉，如下图所示。

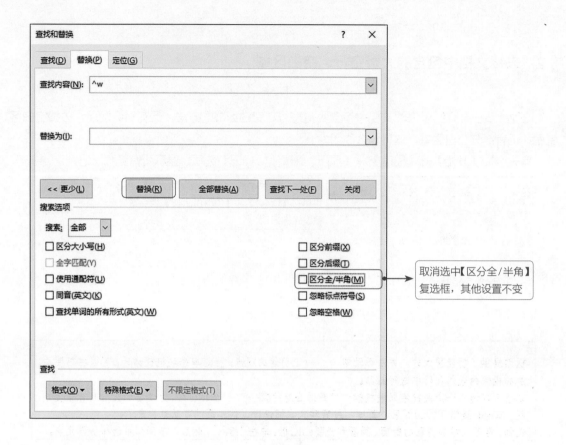

取消选中【区分全/半角】复选框，其他设置不变

## ③ 格式替换

下面介绍更改文档中"视频"词组的【字号】为其他字号、【字体颜色】为"红色"，并添加加粗、倾斜效果的操作。

视频提供了功能强大的方法帮助您证明您的观点。当您单击联机视频时，可以在想要添加的视频的嵌入代码中进行粘贴。您也可以键入一个关键字以联机搜索最适合您的文档的视频。↵
为使您的文档具有专业外观，Word·提供了页眉、页脚、封面和文本框设计，这些设计可互为补充。例如，您可以添加匹配的封面、页眉和提要栏。单击"插入"，然后从不同库中选择所需元素。↵
主题和样式也有助于文档保持协调。当您单击设计并选择新的主题时，图片、图表或·SmartArt·图形将会更改以匹配新的主题。当应用样式时，您的标题会进行更改以匹配新的主题。↵

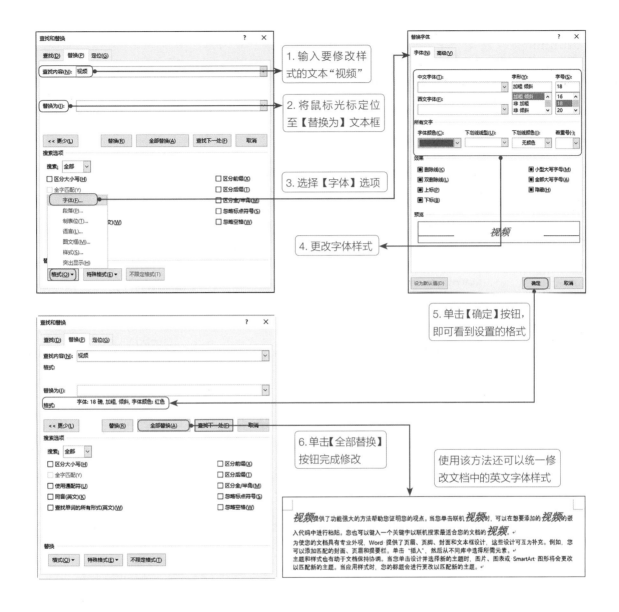

1. 输入要修改样式的文本"视频"

2. 将鼠标光标定位至【替换为】文本框

3. 选择【字体】选项

4. 更改字体样式

5. 单击【确定】按钮，即可看到设置的格式

6. 单击【全部替换】按钮完成修改

使用该方法还可以统一修改文档中的英文字体样式

## 4 统一将电话号码中间4位换为*符号

正常情况下，对外公布电话号码时，通常会将中间的4位用"*"代替，如果有成千上万个电话号码，那么工作量会很大，但毕竟是有规律的，可以使用查找和替换功能实现，其操作方法如下图所示。

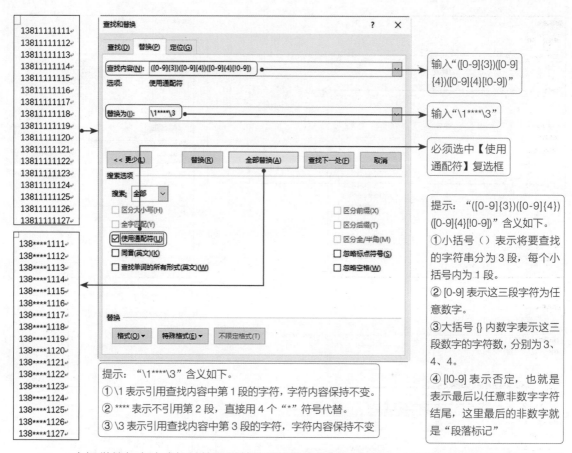

Word 中提供的与表达式相关的通配符的代码及含义如下表所示（部分与上面表格重复）。需要注意的是，如果要查找已被定义为通配符的字符，要在字符前输入反斜杠（\）。

| 代码 | 含义 | 示例 |
|---|---|---|
| ? | 任意单个字符 | 例如s?t，可查找到 "sat" "set" 等 |
| * | 任意字符串 | 例如s*d，可查找到 "sad" "started" 等 |
| < | 单词的开头 | 例如<in，可查找到 "in" "int" "interest" 等 |
| > | 单词的结尾 | 例如>in，可查找到 "in" "within" 等 |
| [] | 指定字符之一 | 例如w[io]n，可查找到 "win" "won" 等 |
| [-] | 指定范围内的任意单个字符，必须是升序表示范围 | 例如[r-t]ight，可查找到 "right" "sight" 等 |
| [!z-x] | 中括号内指定字符范围以外的任意单个字符 | 例如t[!a-m]ck，可查找到 "tock" "tuck"，但找不到 "tack" |
| {n} | n个重复的前一字符或表达式 | 例如fe{2}d，可查找到 "feed"，而不查找 "fed" |
| {n, } | 至少n个前一字符或表达式 | 例如fe{1, }d，可查找到 "fed" "feed" |

## 5 批量在表格中插入指定符号

如下表所示，如果表中数据很多，需要为"单价""销售额"列数字前添加人民币符号"￥"，一个个输入效率低，使用查找和替换功能就能实现批量插入。

| 商品 | 产地 | 单价 | 销量 | 销售额 |
|---|---|---|---|---|
| 电视 | 四川 | 4800 | 200 | 690000 |
| 冰箱 | 陕西 | 2800 | 350 | 980000 |
| 空调 | 山东 | 2400 | 400 | 960000 |
| 洗衣机 | 山东 | 3500 | 320 | 1120000 |
| 热水器 | 天津 | 1600 | 520 | 832000 |

在表格中批量替换时，首先要选择表格，但在上表中包含数据的列有"单价""销量""销售额"等3列，选择整个表格，不需要替换的"销量"列也会被添加上"￥"符号，可以选择一列，这里先选择"单价"列。

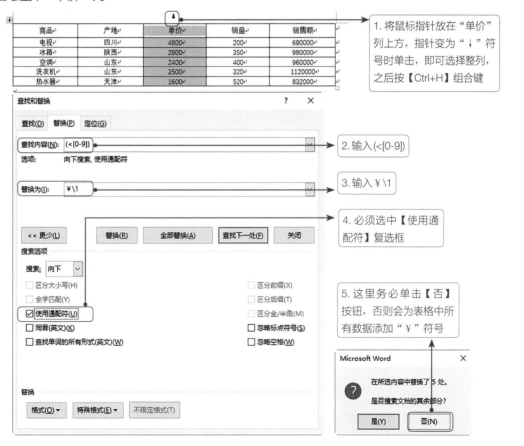

1. 将鼠标指针放在"单价"列上方，指针变为"↓"符号时单击，即可选择整列，之后按【Ctrl+H】组合键

2. 输入 (<[0-9])

3. 输入 ￥\1

4. 必须选中【使用通配符】复选框

5. 这里务必单击【否】按钮，否则会为表格中所有数据添加"￥"符号

之后，选择"销售额"列，重复上面的操作即可。

| 商品 | 产地 | 单价 | 销量 | 销售额 |
|------|------|------|------|--------|
| 电视 | 四川 | ￥4800 | 200 | ￥690000 |
| 冰箱 | 陕西 | ￥2800 | 350 | ￥980000 |
| 空调 | 山东 | ￥2400 | 400 | ￥960000 |
| 洗衣机 | 山东 | ￥3500 | 320 | ￥1120000 |
| 热水器 | 天津 | ￥1600 | 520 | ￥832000 |

## 6.3 多文档的处理技巧

编辑文档时经常会遇到需要同时处理多个文档的情况，使用普通方法操作也能完成，但费时，容易出错，下面就为读者介绍一些处理多文档的技巧。

### 6.3.1 多文档的操作技巧

多文档常用的操作有打开、并排比较、切换文档窗口、一次保存、关闭多文档、不同文档间样式传递等。

#### 1 快速打开多个文档

方法一：选择要同时打开的多个文档，按【Enter】键或直接拖曳至 Word 界面标题栏上，即可同时打开多个文档。

方法二：在【打开】对话框中同时选择多个文档，单击【打开】按钮。

#### 2 并排查看两个文档

同时打开多个文档后，可以将两个文档窗口并排显示，并且能同时滚动这两个窗口，便于查看，如下图所示。

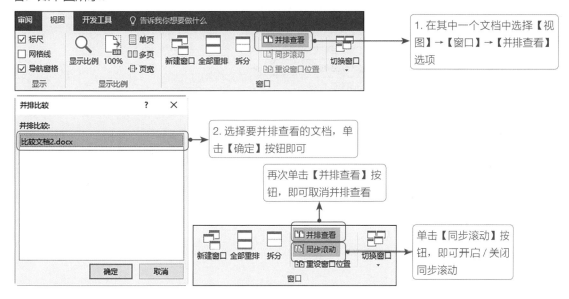

1. 在其中一个文档中选择【视图】→【窗口】→【并排查看】选项

2. 选择要并排查看的文档，单击【确定】按钮即可

再次单击【并排查看】按钮，即可取消并排查看

单击【同步滚动】按钮，即可开启／关闭同步滚动

## ③ 在多文档间快速切换

方法一：单击计算机桌面任务栏的 Word 图标，选择要切换到的文档，如下图所示。

方法二：按【Alt+Tab】组合键，按住【Alt】键不放，连续按【Tab】键，至要打开的文档窗口后，释放【Alt】键。

方法三：选择【视图】→【窗口】→【切换窗口】选项，在弹出的下拉列表中选择要切换到的文档名称，如下图所示。

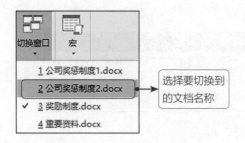

选择要切换到
的文档名称

## 4 一次性保存多个文档

对多个文档编辑后，一个个地执行【保存】命令，比较麻烦，可以通过在快速访问工具栏中添加【全部保存】按钮的方法一次性保存全部文档，如下图所示。

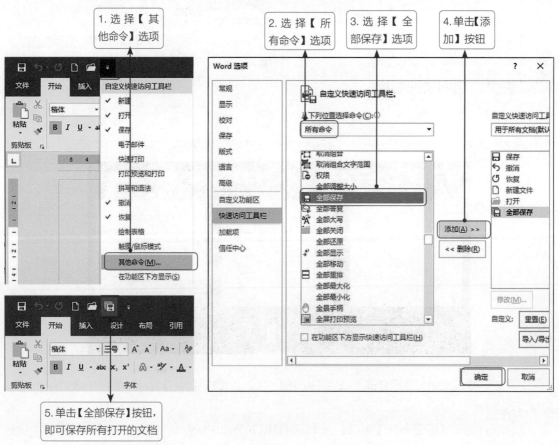

1.选择【其他命令】选项

2.选择【所有命令】选项

3.选择【全部保存】选项

4.单击【添加】按钮

5.单击【全部保存】按钮，即可保存所有打开的文档

## ⑤ 一次性关闭所有文档

与一次性保存多个文档类似，也需要添加【全部关闭】按钮至快速访问工具栏中，如下图所示。

## ⑥ 多文档间样式的传递

方法一：使用格式刷复制其中一个文档中要使用的样式，在其他文档中应用样式。

方法二：按【Ctrl+Shift+C】组合键快速复制所选段落的样式，选择要应用格式文本，按【Ctrl+Shift+V】组合键粘贴样式，完成样式的传递。

方法三：使用【样式】窗格，如下图所示。

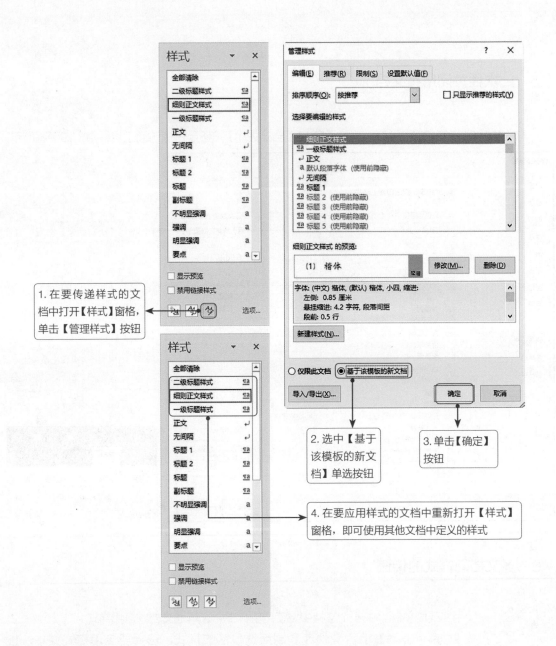

1. 在要传递样式的文档中打开【样式】窗格，单击【管理样式】按钮

2. 选中【基于该模板的新文档】单选按钮

3. 单击【确定】按钮

4. 在要应用样式的文档中重新打开【样式】窗格，即可使用其他文档中定义的样式

## 7 比较与合并

使用比较文档功能可以精确比较出原文档和修订后文档之间的差别，如下图所示。

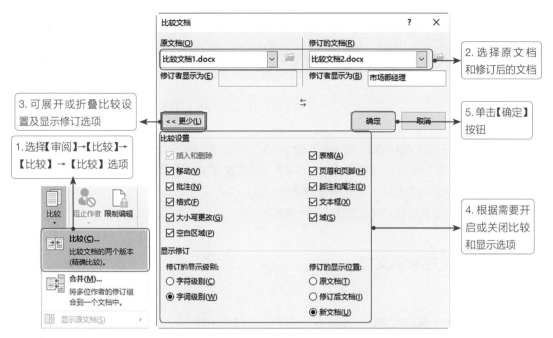

通过合并文档可以将多个审阅者的修订合并到一个文档中，方便文档制作者根据所有审阅者的批注或修订重新修改文档，如下图所示。

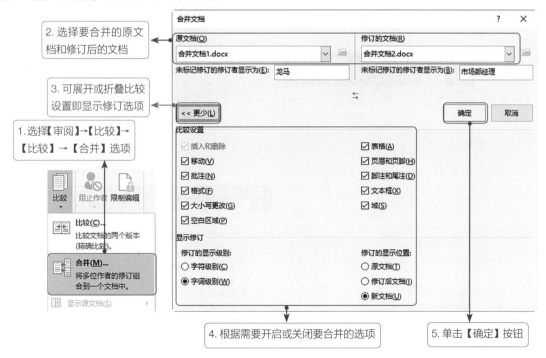

从外观来看，主控文档和普通文档并无差异，但从内部结构来说，主控文档仅是一个框架，其中包含了所有子文档的超链接。使用主控文档与子文档需要注意以下两点。

（1）确保主控文档的页面布局与子文档完全一致。

（2）确保主控文档所使用的模板与子文档相同。

## 1 创建主控文档和子文档

可以使用主控文档将长文档分成较小的、更易于管理的子文档，从而便于组织和维护。也可以将其他文档添加至主控文档。在工作组中，可以将主控文档保存在网络上，并将文档划分为独立的子文档，从而共享文档的所有权。

（1）将主控文档分解为多个子文档。可以将现有的文档作为主控文档，再将其拆分为多个子文档。

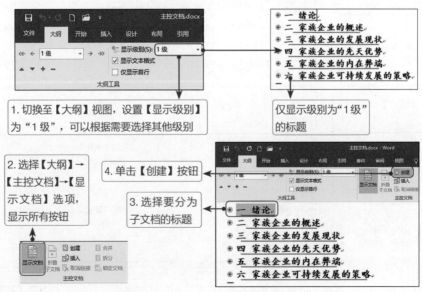

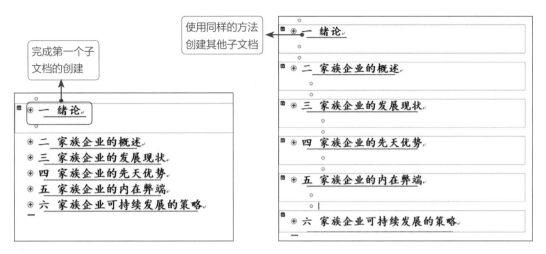

完成第一个子
文档的创建

使用同样的方法
创建其他子文档

一　绪论

二　家族企业的概述

三　家族企业的发展现状

四　家族企业的先天优势

五　家族企业的内在弊端

六　家族企业可持续发展的策略

（2）插入其他子文档。可以新建主控文档，让子文档插入到主控文档中，也可以在已创建的主控文档中插入其他子文档。

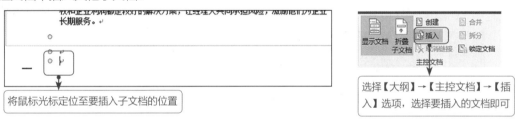

将鼠标光标定位至要插入子文档的位置

选择【大纲】→【主控文档】→【插
入】选项，选择要插入的文档即可

## 2　查看与编辑子文档

方法一：双击要编辑子文档前方的 ▤ 按钮，如下图所示。

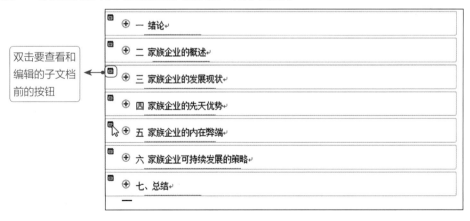

双击要查看和
编辑的子文档
前的按钮

方法二：按住【Ctrl】键，单击要打开的子文档链接，即可打开文档进行查看和编辑，如下图所示。

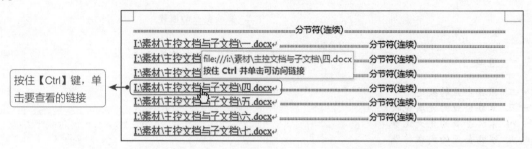

## 3 切断主控文档与子文档间的链接

创建子文档后，可以切断主控文档与子文档之间的链接，并将子文档内容复制到主控文档中，然后便可以单独编辑子文档了，如下图所示。

知识拓展

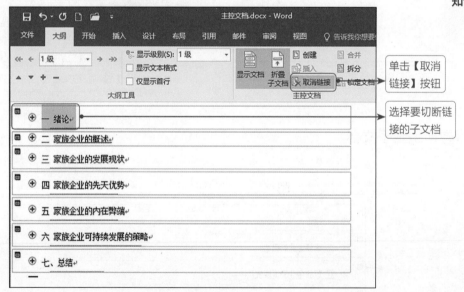

## 4 将多个文档合并到一个文档中

使用 Word 2016 提供的插入【文件中的文字】功能，就可以快速实现将多个文档合并到一个文档中的操作。

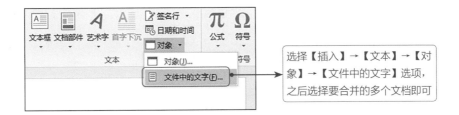

选择【插入】→【文本】→【对象】→【文件中的文字】选项，之后选择要合并的多个文档即可

## 6.4 如何辨别、查找文档中的网文

大家经常会从网上查找一些资料并粘贴至文档中修改后使用，从网络中复制的内容通常会带有网页的一些格式，如超链接、手动换行标记等，只能手动修改格式，特别是对于文档审查者，最不希望文档中出现大量的没有修改的网文，下面就介绍辨别文档中网文的方法。

### 1 看段落底纹

看文字的外观，也就是段落是否包含底纹，通常情况下文档中是不添加段落底纹的，这时就要考虑这些段落是否是网文。

### 2 看文字颜色

网页中的文字通常不是纯黑色的，所以字体颜色相对于正常文字颜色较浅，遇到文字颜色不同或较浅时就要考虑该内容是否为网文。

### 3 看箭头符号

Word 中包含硬回车和软回车两种，硬回车是直接按【Enter】键产生的，形状为 ↵，而软回车则是按【Shift+Enter】组合键产生的，形状为 ↓。软回车在文档中使用的较少，通常在特殊领域才会用到，而网文中则经常使用软回车。因此，看到大量的软回车符号时，就需要考虑其内容是否为网文了。

## 4  看段落中空白区域

显示编辑标记，如果文档中包含大量的半角空格（在半角输入法下输入的空格为 · ）、全角空格（在全角输入法下输入的空格为□）、制表符（按【Tab】键产生的 → ）、不间断空格（按【Ctrl+Shift+ 空格】组合键产生的。）等产生空白区域的符号时，该内容就有可能是网文。

## 5  看地址

如果某些文字颜色为"蓝色"，并添加有下画线，将鼠标指针移到文字上时，会弹出超链接提示，按住【Ctrl】键单击，可打开网页，那么这段文字就有可能是网文。

## 6  其他方法

如果表格无边框，拖曳调整表格时，表格暂时看不到，停止拖曳又能显示，或者图表显示为红色叉号，这些内容就有可能是网文。

## 6.5  网文处理的常见技巧

教学视频

在本书 2.3 节介绍了如何处理复制来的文本，使用该方法，就可以处理掉大部分网文自带的格式，下面介绍其他网文的处理技巧。

## 1 删除所有超链接

从网页复制文本时，如果要删除网文中自带的样式，包括删除所有的超链接，通常有以下两种方法。

方法一：将复制的网文内容粘贴至 TXT 文档，再复制粘贴至 Word 文档中。

方法二：直接使用"只保留文本"的形式粘贴至 Word 文档中。

如果已经将网文粘贴到了 Word 文档中，并设置了格式，可以先按【Ctrl+A】组合键选择所有内容，然后按【Ctrl+ Shift +F9】组合键，即可取消文档中包含的全部超链接。

## 2 将手动编号更改为自动编号

如果网文中的内容已添加了手动编号，希望将手动编号更改为自动编号，可以使用下面的方法。

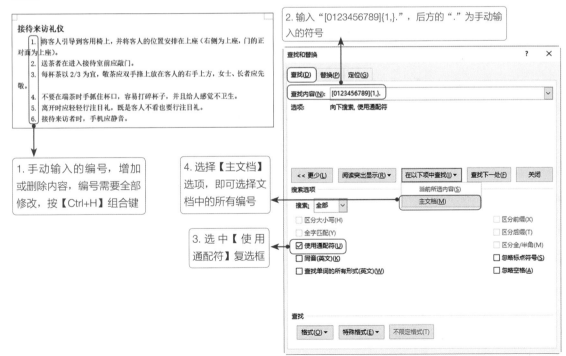

6. 在【替换】选项卡下【替换为】文本框中不输入任何内容，单击【全部替换】按钮

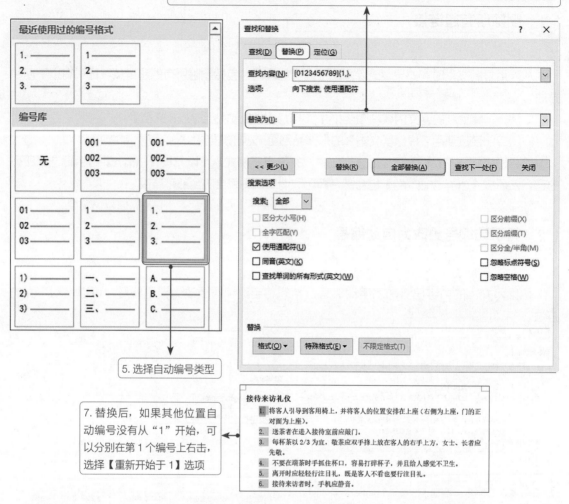

5. 选择自动编号类型

7. 替换后，如果其他位置自动编号没有从"1"开始，可以分别在第1个编号上右击，选择【重新开始于1】选项

# 6.6 Word 效率倍增的辅助插件

一个篱笆三个桩，一个好汉三个帮。功能强大的 Word，搭配上实用的辅助插件，会使用户处理文档时速度提升、效率倍增。

## 1 Kutools for Word

Kutools for Word 集合了上百种强大的功能，一键完成那些重复、耗时的操作，如一键删除所有空白行、一键删除所有图片和一键删除表格空白行等。此外，还集合了许多 Word 自身无法实现或难以实现的功能，如在窗格中罗列所有超链接和书签以方便对它们进行管理和编辑，可对图片和表格等对象批量插入题注及重命名当前文档等，如下图所示。

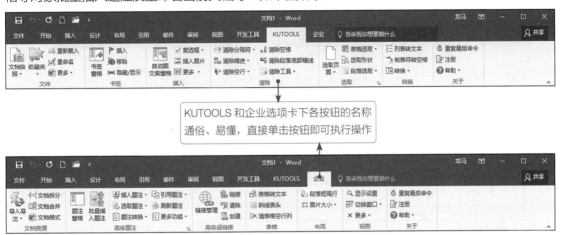

KUTOOLS 和企业选项卡下各按钮的名称通俗、易懂，直接单击按钮即可执行操作

## 2 Office Tab

Office Tab 支持 Word、Excel、PowerPoint 的多标签模式运行，在一个 Word 窗口中显示多页标签，避免多文档编辑时来回切换的麻烦，如下图所示。

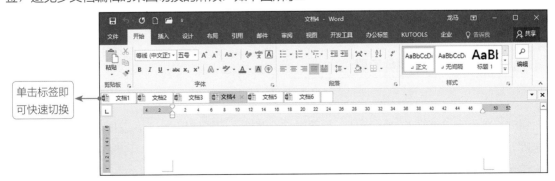

单击标签即可快速切换

## 3 MathType

尽管 Word 提供了插入公式的功能，但使用起来相对麻烦，一旦选择其他内容，【公式工具】选项卡就会消失，再次使用还需要先选择公式。MathType 是强大的数学公式编辑器，能够在各种文档中加入复杂的数学公式和符号，可用在编辑数学试卷、书籍、报刊、论文等方面，是编辑数学资料的得力工具，如下图所示。

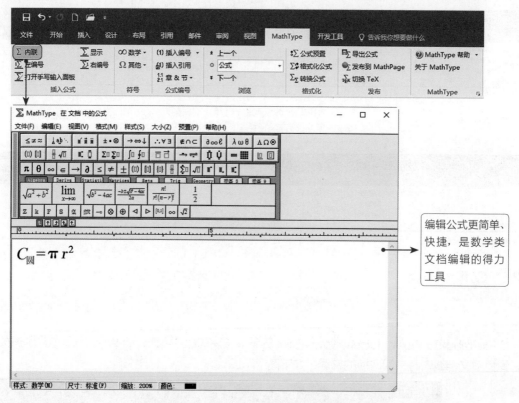

编辑公式更简单、快捷，是数学类文档编辑的得力工具

## 4 Word 与 PDF 转换工具

有时文档为无法编辑的 PDF 版本，需要对文件编辑，只能使用 Word，怎样才能转换成 Word 文档呢？

由于 Word 和 PDF 采用不同的编码系统，Word 编辑后的文档可以轻松、完美地转换成 PDF 格式存储，但 PDF 却不能完全转换为 Word，首先介绍一下 PDF 文件存在的两种形式，如下图所示。

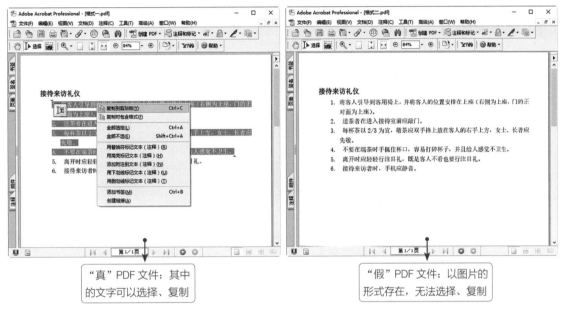

"真" PDF 文件：其中
的文字可以选择、复制

"假" PDF 文件：以图片的
形式存在，无法选择、复制

方法一：使用 Word 直接打开。

对于"真"PDF 文件，直接使用 Word 2013、Word 2016 版本打开，就可以编辑其中的文字，但对 PDF 文件中包含的图片、表格及图表等转换效果并不理想，并且内容多、转换速度较慢。对于"假"PDF 文件，打开后会发现 PDF 中的内容会以图片的形式显示，依然无法编辑。

方法二：借助网站。

一些网站提供有在线将 PDF 转换为 Word 的功能，如"https://smallpdf.com/cn"。

选择【PDF 转
Word】选项

将要转换的 PDF 拖曳至此处，对于"假"PDF文件，可能会转换失败。

方法三：使用 OneNote。

OneNote 2016 是 Microsoft 提供的数字笔记本软件，具有 ORC 识别功能，如果"假"PDF 中文字不多，可以将其截图，并粘贴至 OneNote 中。

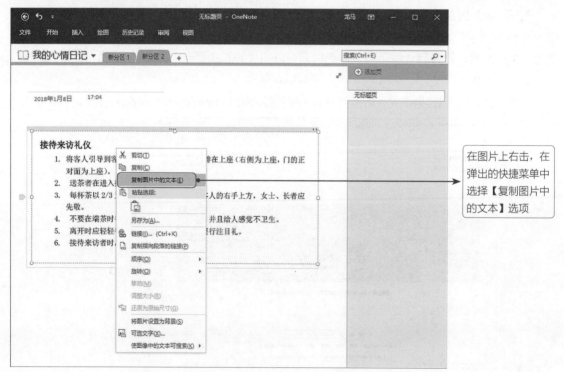

在图片上右击，在弹出的快捷菜单中选择【复制图片中的文本】选项

接待来访礼仪

将客人引导到客用椅上，并将客人的位置安排在上座（右侧为上座，门的
正对面为上座
送茶者在进入接待室前应敲门。
每杯茶以 2/3 为宜，敬茶应双手择上放在客人的右手上方，女士、长者应
先敬。
不要在端茶时手抓住杯口，容易打碎杯子，并且给人感觉不卫生。
离开时应轻轻行注目礼，既是客人不看也要行注目礼。
接待来访者时，手机应静音。

> 在 Word 中选择【只保留文本】粘贴选项，即可将图片中的文字插入 Word，识别效果较好，但会包含很多空格或识别不完整，因此，需要检查错误

　　方法四：使用付费软件。

　　为了获得较好的转换效果，可以使用一些付费的转换软件，如 PDF 转 Word 转换器、ABBYY FineReader 等，如下图所示。它们通常具有强大的识别和转换能力，能够识别和转换 PDF 文件中的文字、图片、表格等，但毕竟只是工具，也无法保证能够 100% 的完成。

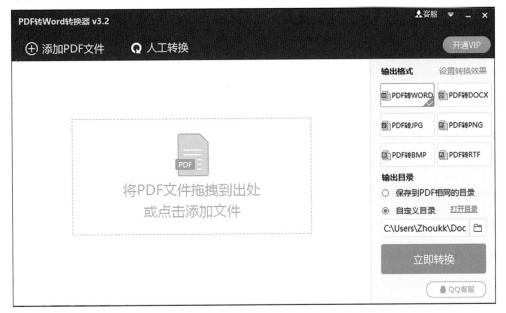

 高手自测 5

本章主要介绍让文档操作得心应有的技巧。结束本章学习之前，先检测一下学习效果吧！
扫描右侧的二维码，即可查看注意事项及操作提示，最终结果可以参阅"结果 \ch06"中相应的文档。

高手点拨

　　打开"素材 \ch06\ 高手自测 \ 高手自测 .docx"文档，将素材文件中 12 位的电话号码删掉最后一位，并且在 3、4 位和 7、8 位之间添加短画线"-"，如下图所示。

| | |
|---|---|
| 138111111111 | 138-1111-11111 |
| 138111111122 | 138-1111-11122 |
| 138111111133 | 138-1111-11133 |
| 138111111144 | 138-1111-11144 |
| 138111111155 | 138-1111-11155 |
| 138111111166 | 138-1111-11166 |
| 138111111177 | 138-1111-11177 |
| 138111111188 | 138-1111-11188 |
| 138111111199 | 138-1111-11199 |
| 138111111200 | 138-1111-11200 |
| 138111111211 | 138-1111-11211 |
| 138111111222 | 138-1111-11222 |
| 138111111233 | 138-1111-11233 |
| 138111111244 | 138-1111-11244 |
| 138111111255 | 138-1111-11255 |
| 138111111266 | 138-1111-11266 |
| 138111111277 | 138-1111-11277 |
| 138111111288 | 138-1111-11288 |

7

# 全程高能：化繁为简的自动化

　　自动化的优势就是速度快、效率高、准确度高。Word 和自动
化有什么关系？ Word 中的自动化功能是什么？
　　本章将详细介绍 Word 的自动化功能。

# 7.1 自动化图表题注

教学视频

文档中图片、表格不多的情况下，完全可以直接在图片下面，表格上面手动输入题注，而长文档中多图、多表，并且带有章节号，在题注中要包含章节号，手动输入就不合理了。

## 7.1.1 插入题注的方法

题注主要由题注标签、编号和文字说明三部分组成，在介绍自动化图表题注前，先介绍插入题注的方法，如下图所示。

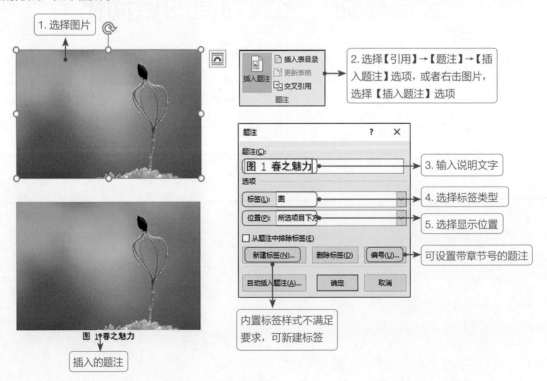

1. 选择图片

插入题注　📄 插入表目录　🔄 更新表格　交叉引用
题注

2. 选择【引用】→【题注】→【插入题注】选项，或者右击图片，选择【插入题注】选项

题注　　　　　？　×
题注(C):
图 1 春之魅力
选项
标签(L)：　图
位置(P)：　所选项目下方
☐ 从题注中排除标签(E)
新建标签(N)...　删除标签(D)　编号(U)...
自动插入题注(A)...　确定　取消

3. 输入说明文字
4. 选择标签类型
5. 选择显示位置
可设置带章节号的题注

内置标签样式不满足要求，可新建标签

图 1 春之魅力

插入的题注

为表格添加题注，在打开【题注】对话框后，如果【标签】下拉列表中没有要使用的标签，可以新建标签，如下图所示。

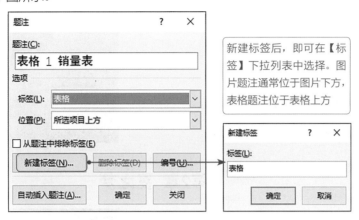

新建标签后，即可在【标签】下拉列表中选择。图片题注通常位于图片下方，表格题注位于表格上方

## 7.1.2 制作带章节号的题注

　　带章节号的题注就是在第 1 章中编号为图 1-1、图 1-2……表 1-1、表 1-2……形式，第 2 章编号为图2-1、图2-2……表2-1、表2-2……形式。也就是第一个数字表示图片或表格所在的章编号，第二个数字为图片或表格的序号。

　　方法一：自动包含章节号。

　　在长文档中设置了多级列表，才允许使用自动包含章节号功能，如下图所示。

选中【包含章节号】复选框

设置起始样式及分隔符

方法二：手动修改题注标签。

如果长文档没有添加多级列表，就不能直接选中【包含章节号】复选框来制作带章节号的题注，可以直接创建带章节号的标签，在不同章节下选择不同的标签即可，如下图所示。

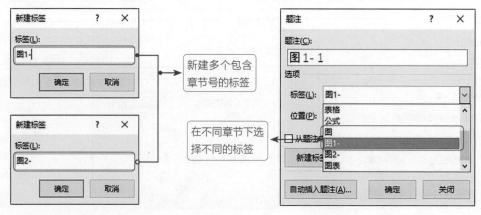

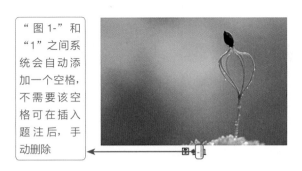

"图 1-"和"1"之间系统会自动添加一个空格,不需要该空格可在插入题注后,手动删除

### 7.1.3 自动添加题注

在文档中插入新的图片或表格后,都需要为其添加题注,可设置为图片或表格自动添加题注,如下图所示。

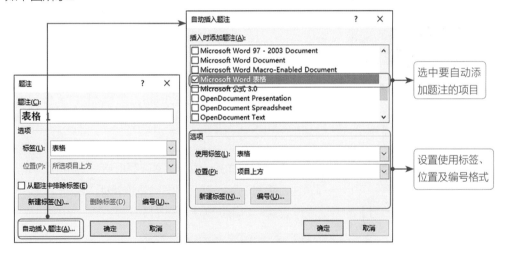

选中要自动添加题注的项目

设置使用标签、位置及编号格式

### 7.1.4 题注的更新

插入题注后,对文档重新编辑,如果改变图表的顺序、添加或删除图表等,添加新的图表并插入题注后,后续编号会自动更新,或者改变图表的顺序或删除图表后,后续的图表不会自动更新。要怎么办?

图 1 春之声　　　图 1 春之声　　　图 1 春之声

图 2 夏之梦　　　图 3 秋之魂　　　图 2 秋之魂

图 3 秋之魂　　　图 4 冬之韵　　　图 3 冬之韵

原图效果，将第
2 幅图片删除

后续编号不会自
动更新

按【Ctrl+A】组合键全选文档，
按【F9】键，即可自动更新

　　插入题注后，如果提示：错误！文档中没有指定样式的文字，如下图所示。这是因为题注中的域无法识别采用的章节编号，可以选择题注，将其删除，然后根据需要重新插入编号，或者设置多级列表后，使用【包含章节号】的方法进行设置，再刷新题注。

图 错误!文档中没有指定样式的文字。-1 春之声

插入题注后，【样式】组内会显示内置的"题注"样式，选择【开始】→【样式】→【其他】选项，在【题注】样式上右击，在弹出的快捷菜单中选择【修改】选项，如下图所示。

在打开的【修改样式】对话框中即可更改"题注"字体及段落样式，方法和修改样式的方法相同

# 7.2 自动引用与动态更新

教学视频

自动引用与动态更新主要用于动态引用内容和定位位置，Word 提供了交叉引用和书签这两种工具来实现该功能。

## 7.2.1 交叉引用

编辑大型文档时，常常要引用文档中其他位置的内容，如标题、脚注、书签、题注及段落编号等，如下图所示。

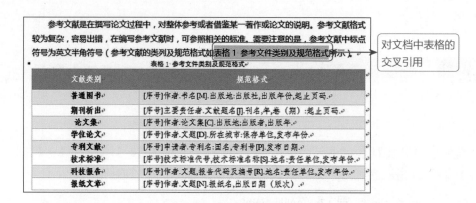

参考文献是在撰写论文过程中，对整体参考或者借鉴某一著作或论文的说明。参考文献格式较为复杂，容易出错，在编号参考文献时，可参照相关的标准。需要注意的是，参考文献中标点符号为英文半角符号（参考文献的类列及规范格式如表格 1 参考文件类别及规范格式所示）。

对文档中表格的交叉引用

表格 1·参考文件类别及规范格式

| 文献类别 | 规范格式 |
|---|---|
| 普通图书 | [序号]作者.书名[M].出版地:出版社,出版年份,起止页码. |
| 期刊析出 | [序号]主要责任者.文献题名[J].刊名,年,卷（期）:起止页码. |
| 论文集 | [序号]作者.论文集[C].出版地:出版者,出版年. |
| 学位论文 | [序号]作者.文题[D].所在城市:保存单位,发布年份. |
| 专利文献 | [序号]申请者.专利名:国名,专利号[P].发布日期. |
| 技术标准 | [序号]技术标准代号,技术标准名称[S].地名:责任单位,发布年份. |
| 科技报告 | [序号]作者.文题.报告代码及编号[R].地名:责任单位,发布年份. |
| 报纸文章 | [序号]作者.文题[N].报纸名,出版日期（版次）. |

可以使用手动的方法添加交叉引用，但被引用位置一旦发生改变，就需要手动修改添加的交叉引用。

只要被引用的位置使用了 Word 提供的自动编号，使用交叉引用就能够将引用位置指向该编号，编号发生变化，Word 就可以根据这些变化自动更新，保持引用位置和被引用位置的同步，如下图所示。

交叉引用主要用于建立文档中两个位置之间的关联，而书签用于标记文档中的某个位置，主要作用是方便定位。此外，创建书签后，还可以利用交叉引用功能来指向书签。

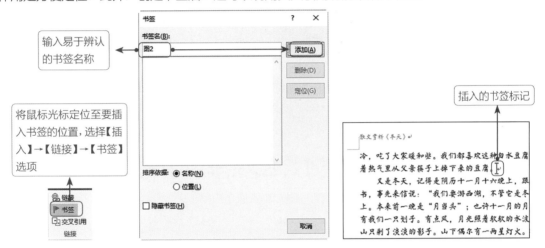

输入易于辨认的书签名称

将鼠标光标定位至要插入书签的位置，选择【插入】→【链接】→【书签】选项

插入的书签标记

默认情况下书签是不显示的，选择【文件】→【选项】→【高级】选项，在打开的【显示文档内容】列表框中，选中【显示书签】复选框，才能显示出书签标记，如下图所示。

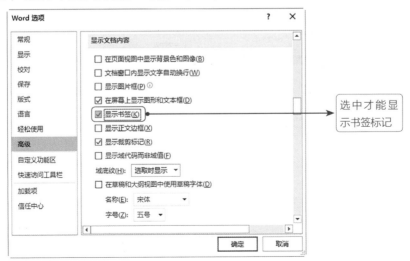

选中才能显示书签标记

创建书签后，不论在文档的哪个位置，都可以实现快速定位，打开【书签】对话框，选择要定位的书签名，单击【定位】按钮，即可自动跳转至书签所在位置，如下图所示。

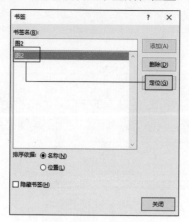

# 7.3 自动化大杀器 1：域在排版中的实际应用

域是什么？通俗来讲，域就是文档中那些会变化，可更新的内容，如插入的日期时间、页码、目录、索引等，它们的本质都是域，如下图所示。

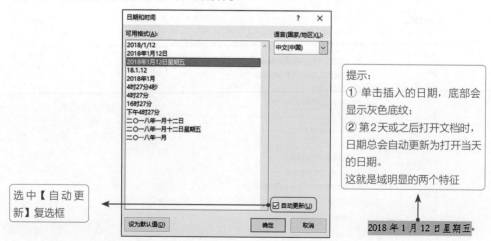

在插入的日期上右击，选择【切换域代码】选项，日期会变为代码的形式。

$$\{ \text{ TIME } \backslash @ \text{ "yyyy 年 M 月 d 日星期 W" } \}$$

（1）最外层的大括号：域专用大括号，自定义域时，可按【Ctrl+F9】组合键输入，否则无法被识别。

（2）TIME：域的名称。

（3）\@：TIME 域的开关，用于设置域的格式。

（4）双引号：针对"\@"开关的设置选项，其中的内容表示要将日期设置为哪种格式。

## 7.3.1　插入与编辑域

Word 提供的域无法实现所需功能时，就可以在文档中插入域，如果插入的域需要更改，也可以对插入的域进行编辑。

## 1　插入域

插入域有使用【域】对话框和手动插入域两种方法。

方法一：使用【域】对话框。

选择【插入】→【文本】→【文档部件】→【域】选项，打开【域】对话框，如下图所示。

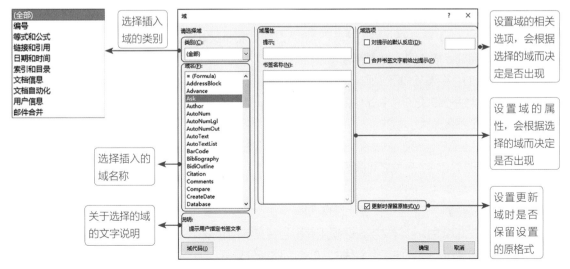

如果需要在文档中显示出本文档的名称，可以选择【FileName】域，如下图所示。

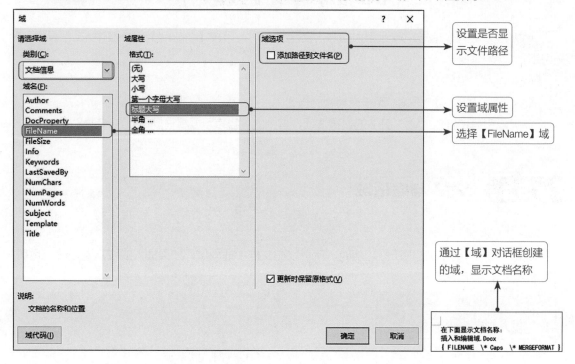

方法二：手动输入域代码。

对域名称及属性比较熟悉，可以直接手动输入域代码创建域。

（1）单击要插入域的位置，按【Ctrl+F9】组合键，输入域专用大括号。

（2）光标将自动定位至两个空格之间，输入域名称。

（3）按【Space】键，输入格式开关"\\*"，并根据需要设置格式。

（4）输入完成，按【F9】键更新域代码。

手动输入域时，要遵守以下规则。

（1）域的大括号必须使用【Ctrl+F9】组合键输入。

（2）域名是不区分大小写的。

（3）在域代码最外层的一对大括号内侧，必须要保留一个空格。

（4）域名及其属性或开关之间保留一个空格。

（5）域开关与属性之间保留一个空格。

（6）如果在参数中包含空格，必须用双引号将该参数括起来。

（7）如果在域属性中包含文字，必须用单引号将文字括起来。

（8）指定路径时，必须使用反斜线"\\\\"作为路径分隔符。

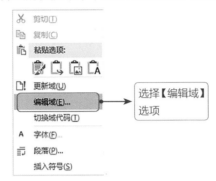

## 2 编辑域

方法一：使用【域】对话框。

在要修改的域上右击，在弹出的快捷菜单中选择【编辑域】选项。

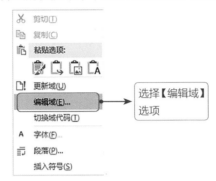

方法二：直接编辑域代码。

在要修改的域上右击，在弹出的快捷菜单中选择【切换域代码】选项。

## 7.3.2 更新、查找与删除域

域是可更新的内容，如在创建目录后，修改了文档标题，就需要更新域。此外，编辑域还可以通过查找定位域，不需要的域还可以将其删除。

## 1 更新域

更新域的目的在于让域结果及时反映出文档中可变内容的最新信息和数据，有些域会自动更新，如页码、时间和日期等，有些域则要手动更新。更新域的方法如下。

（1）更新单个域。选择域，按【F9】键，或者右击，在弹出的快捷菜单中选择【更新域】选项。

（2）更新所有域。按【Ctrl+A】组合键选择所有文档内容，按【F9】键。

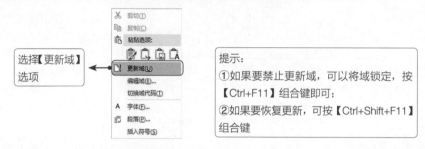

## 2 查找域

按【F11】键可从当前位置向文档结尾方向查找域，并自动选择，按【Shift+F11】组合键可从当前位置向开头方向查找域。

此外，还可以按【F5】键，打开【查找和替换】对话框，在【定位】选项卡下定位域。

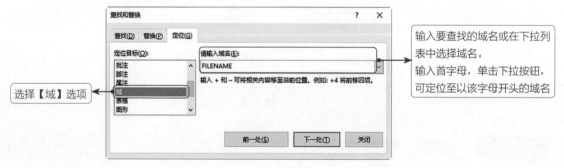

## 3 删除域

将鼠标光标放置在域开头，按两次【Delete】键，或者将鼠标光标放置在域结尾，按两次

【Backspace】键，都可以删除域。

如果要删除文档所有域，可按【Alt+F9】组合键显示所有域代码，然后在【查找和替换】对话框中替换域。

### 7.3.3 在双栏排版每一栏中显示页码

双栏排版的文档中，如果需要在左右两栏均显示页码，Word 提供的插入页码功能无法实现，这时，就可以依靠 Page 域在每一栏中显示页码。

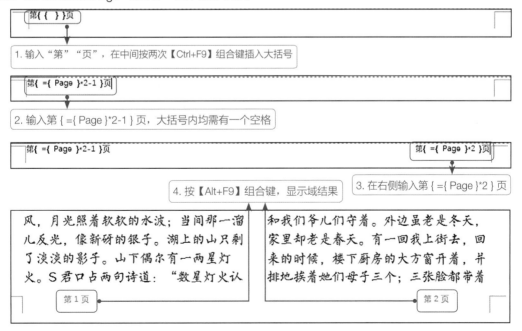

第{{ }}页

1. 输入"第""页"，在中间按两次【Ctrl+F9】组合键插入大括号

第{ ={ Page }*2-1 }页

2. 输入第 { ={ Page }*2-1 } 页，大括号内均需有一个空格

第{ ={ Page }*2-1 }页          第{ ={ Page }*2 }页

4. 按【Alt+F9】组合键，显示域结果          3. 在右侧输入第 { ={ Page }*2 } 页

风，月光照着软软的水波；当间那一溜儿反光，像新研的银子。湖上的山只剩了淡淡的影子。山下偶尔有一两星灯火。S君口占两句诗道："数星灯火认          和我们爷儿们守着。外边虽老是冬天，家里却老是春天。有一回我上街去，回来的时候，楼下厨房的大方窗开着，并排地挨着她们母子三个；三张脸都带着

第 1 页          第 2 页

第7章 全程高能：化繁为简的自动化  **227**

使用分节符和设置【起始页码】可以设置前 *N* 页不要页码，而是从 *N*+1 页显示页码。此外，也可以通过域代码实现，如前 5 页不显示页码，从第 6 页开始显示页码 "1"。可以输入如下代码。

```
{ IF { PAGE } > 5 { ={ PAGE } - 5 } "" }
```

此代码表示如果页码 >5，则按 "页码减去 5" 显示数值，否则不显示。其中两个 "5" 是要求不显示页码的页数，可按实际需要修改。

代码中的 4 对大括号 "{}" 都必须按【Ctrl+F9】组合键插入，如果直接从键盘上输入则大括号无效。所有数字与符号之间都必须有一个半角空格，否则会提示代码错误。

# **7.4** 自动化大杀器 2：邮件合并在排版中的实际应用

制作成绩、录取通知及会议、结婚请柬等文档时，它们的主题内容相同，只有公司名称、个人名称有差别，虽然简单，但一个个制作不但效率低、还容易出错。当有主题文档和数据源时，使用邮件合并功能，即可建立两者之间的关系，从而快速完成文档制作。使用邮件合并，有以下两个条件。

（1）包含主题内容的 Word 文档。

（2）包含不同内容的数据源，可以是 Excel 表格，也可以是 Outlook 中的内容或现有列表，还可以是以数据库形式存放数据的文件。

## **7.4.1** 使用邮件合并制作录取通知书

录取通知书大部分内容是一致的，涉及个人信息的部分不同，此时，就可以使用邮件合并功能批量制作录取通知书（素材 \ch07\ 录取通知书 .docx、录取名单 .xlsx）。

## 1 建立主文档与数据源

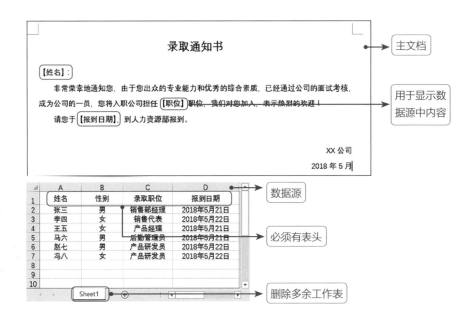

## 2 向主文档导入数据源

向主文档导入数据源主要使用 Word 文档的邮件发布功能，选择【邮件】→【开始邮件合并】→【邮件合并分布向导】选项，即可开始导入数据源，如下图所示。

然后在弹出的【邮件合并】引导窗口中选中默认的【信函】单选按钮，单击【下一步：开始文档】链接，在第 2 步中，保持默认选项，单击【下一步：选择收件人】链接，进入第 3 步，根据需要选择收件人，这里选择默认，单击【下一步：撰写信函】链接，如下图所示。

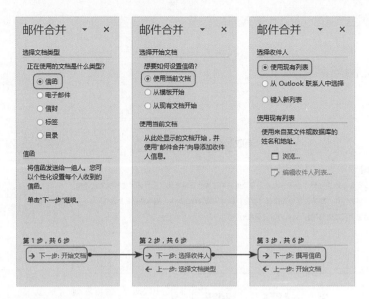

在弹出的【选取数据源】对话框中，选择要导入的数据源，如下图所示。

选择要导入的数据源

选择数据表

可以在【邮件合并收件人】对话框中仅筛选出满足条件的内容，如仅筛选出【性别】为"男"，或者根据需要筛选出其他数据，这样在最后合并文档时，将仅包含筛选出的内容

分别保持默认选项，并单击【下一步】链接，完成导入数据源操作，如下图所示。

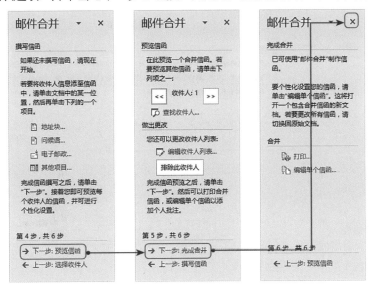

## 3 插入合并数据源

导入数据源后，就可以插入合并域，如下图所示。

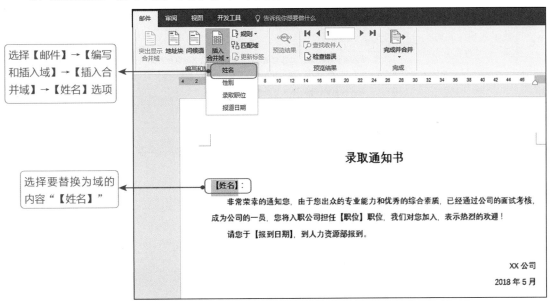

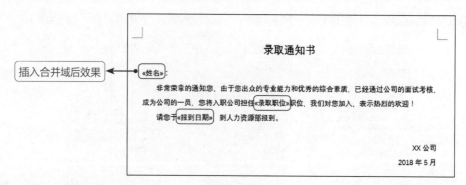

插入合并域后效果

此外，还可以根据需要指定邮件合并的规则，将鼠标光标定位在"姓名"插入域后。

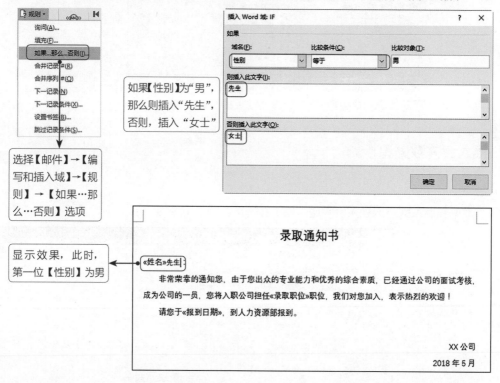

选择【邮件】→【编写和插入域】→【规则】→【如果…那么…否则】选项

如果【性别】为"男"，那么则插入"先生"，否则，插入"女士"

显示效果，此时，第一位【性别】为男

## ④ 完成合并

插入合并域后，就可以完成合并，选择【邮件】→【完成】→【完成并合并】→【编辑单个文档】选项执行合并命令。合并后，每个通知占一个页面，将后方的下一页分节符删除，即可将多个通知合并到一个页面。

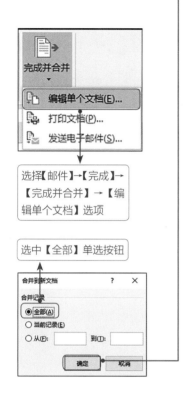

选择【邮件】→【完成】→
【完成并合并】→【编
辑单个文档】选项

选中【全部】单选按钮

**录取通知书**

张三先生：

　　非常荣幸地通知您，由于您出众的专业能力和优秀的综合素质，已经通过公司的面试考核，成为公司的一员，您将入职公司担任销售部经理职位，我们对您加入，表示热烈的欢迎！

　　请您于 5/21/2018，到人力资源部报到。

XX 公司

2018 年 5 月

**录取通知书**

李四女士：

　　非常荣幸地通知您，由于您出众的专业能力和优秀的综合素质，已经通过公司的面试考核，成为公司的一员，您将入职公司担任销售代表职位，我们对您加入，表示热烈的欢迎！

　　请您丁 5/22/2018，到人力资源部报到。

XX 公司

2018 年 5 月

**录取通知书**

王五女士：

　　非常荣幸地通知您，由于您出众的专业能力和优秀的综合素质，已经通过公司的面试考核，成为公司的一员，您将入职公司担任产品经理职位，我们对您加入，表示热烈的欢迎！

　　请您于 5/21/2018，到人力资源部报到。

XX 公司

2018 年 5 月

## 7.4.2 ▶ 使用邮件合并制作带照片的工作证

　　在制作带有照片的工作证时，姓名、职务及编号等内容可以使用邮件合并处理，照片要怎样添加呢？（素材 \ch07\ 带照片的工作证 \ 带照片的工作证 .docx、职员名单 .xlsx）

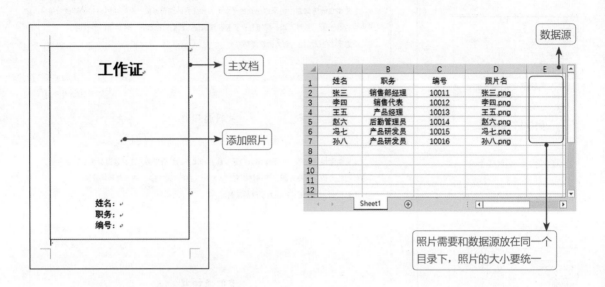

## 1 建立主文档与数据源

主文档

添加照片

数据源

照片需要和数据源放在同一个目录下,照片的大小要统一

## 2 向主文档导入数据源

使用 7.4.1 节导入数据源的方法,在"带照片的工作证 .docx"主文档中导入"职员名单 .xlsx"数据源。然后将光标定位于要放置照片的位置,按【Ctrl+F9】组合键,在域符号中输入"INCLUDEPICTURE"。

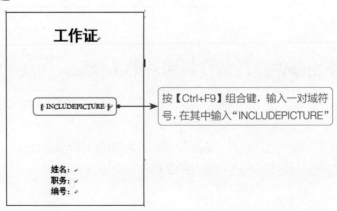

按【Ctrl+F9】组合键,输入一对域符号,在其中输入"INCLUDEPICTURE"

## ③ 插入合并数据源

首先插入姓名、职务、编号等合并域，如下图所示。

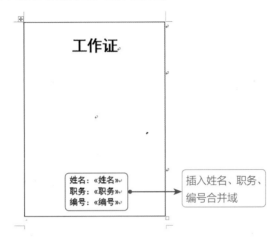

将光标定位于 "INCLUDEPICTURE" 与后方空格之后，右侧大括号之前，选择【邮件】→【编写和插入域】→【插入合并域】→【照片名】选项。

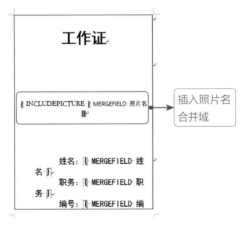

## ④ 完成合并

选择【邮件】→【完成】→【完成并合并】→【编辑单个文档】选项执行合并命令，完成合并操作。

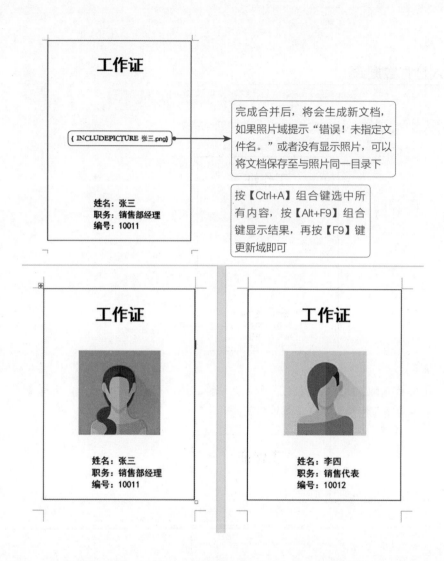

完成合并后，将会生成新文档，如果照片域提示"错误！未指定文件名。"或者没有显示照片，可以将文档保存至与照片同一目录下

按【Ctrl+A】组合键选中所有内容，按【Alt+F9】组合键显示结果，再按【F9】键更新域即可

## 7.4.3 使用邮件合并发布电费催缴单

物业经常需要使用邮件给小区用户发送电费催缴单，电费催缴单是主题内容相同，细节有差别的邮件，能否用邮件合并功能直接发送邮件呢？

答案是肯定的，使用邮件合并功能合并文档后，可以直接一步将邮件发送出去（素材 \ch07\ 电费催缴单 \ 电费催缴单 .docx、用电情况表 .xlsx）。

## 1 建立主文档与数据源

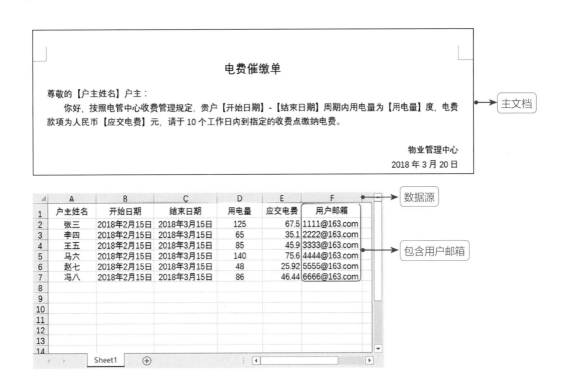

## 2 向主文档导入数据源

在主文档中导入数据源，选择【邮件】→【开始邮件合并】→【电子邮件】选项，如下图所示。

然后选择收件人，并选择要导入的数据源，如下图所示。

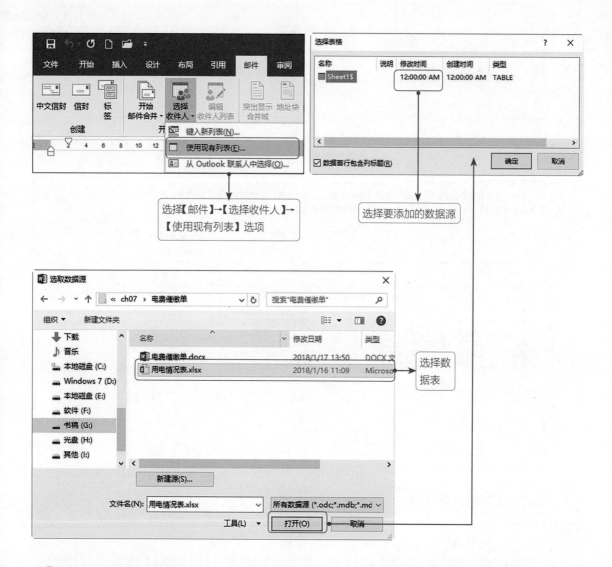

选择【邮件】→【选择收件人】→
【使用现有列表】选项

选择要添加的数据源

选择数据表

## ③ 插入合并数据源

此时，页面是没有变化的，首先选择要替换掉的文本，然后选择【邮件】→【编写和插入域】→
【插入合并域】选项下的对应选项，插入合并域，插入合并域后效果如下图所示。

**电费催缴单**

尊敬的«户主姓名»户主：

　　你好，按照电管中心收费管理规定，贵户«开始日期»-«结束日期»周期内用电量为«用电量»度，电费款项为«应交电费»元，请于 10 个工作日内到指定的收费点缴纳电费。

物业管理中心

2018 年 3 月 20 日

　　插入合并域之后，在完成合并并发送电子邮件之前，可选择【邮件】→【预览结果】→【上一纪录】/【下一记录】选项预览效果。如果在预览时发现电费款项小数位数过多，该怎么办？

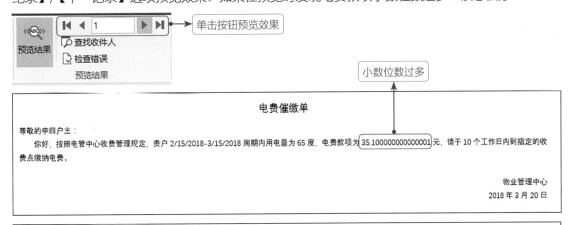

单击按钮预览效果

预览结果

🔍 查找收件人
☑ 检查错误

预览结果

小数位数过多

**电费催缴单**

尊敬的李四户主：

　　你好，按照电管中心收费管理规定，贵户 2/15/2018-3/15/2018 周期内用电量为 65 度，电费款项为 35.100000000000001 元，请于 10 个工作日内到指定的收费点缴纳电费。

物业管理中心

2018 年 3 月 20 日

**电费催缴单**

尊敬的{ MERGEFIELD 户主姓名 }户主：

　　你好，按照电管中心收费管理规定，贵户{ MERGEFIELD 开始日期 }-«结束日期»周期内用电量为{ MERGEFIELD 用电量 }度，电费款项为{ MERGEFIELD 应交电费 \# 0.00 }元，请于 10 个工作日内到指定的收费点缴纳电费。

物业管理中心

2018 年 3 月 20 日

按【Alt+F9】组合键显示域代码，在末尾加"\# 0.00"，用于限定数字格式为保留两位小数

**电费催缴单**

尊敬的李四户主：

　　你好，按照电管中心收费管理规定，贵户 2/15/2018-3/15/2018 周期内用电量为 65 度，电费款项为 35.10 元，请于 10 个工作日内到指定的收费点缴纳电费。

物业管理中心

2018 年 3 月 20 日

再次按【Alt+F9】键显示结果

## 4 完成合并

选择【邮件】→【完成】→【完成并合并】→【发送电子邮件】选项，将会弹出【合并到电子邮件】对话框，设置收件人及主题行后，单击【确定】按钮，即可通过 Outlook 完成邮件发送。

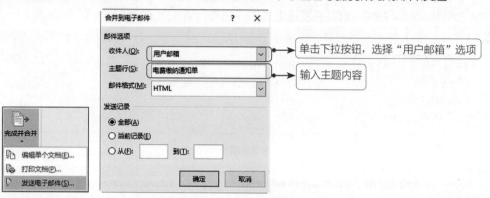

使用 VBA 可以完成很多依靠 Word 无法完成的任务，其功能强大，高效、有灵活性。

## 7.5.1 录制、运行宏

宏是由一系列 Word 命令和指令组合在一起形成的单独命令，以实现任务执行的自动化。所以宏是 VBA 代码，但 VBA 的范围大于宏。

## ① 录制宏

选择【开发工具】→【代码】→【录制宏】选项，或者单击状态栏中的【录制宏】按钮，即可打开【录制宏】对话框。

默认情况下【开发工具】选项卡是不显示在功能区的，可在功能区任意位置右击，在弹出的快捷菜单中选择【自定义功能区】选项，在打开的对话框中选中【开发工具】复选框，如下图所示。

在打开的【录制宏】对话框中即可设置并开始录制宏。

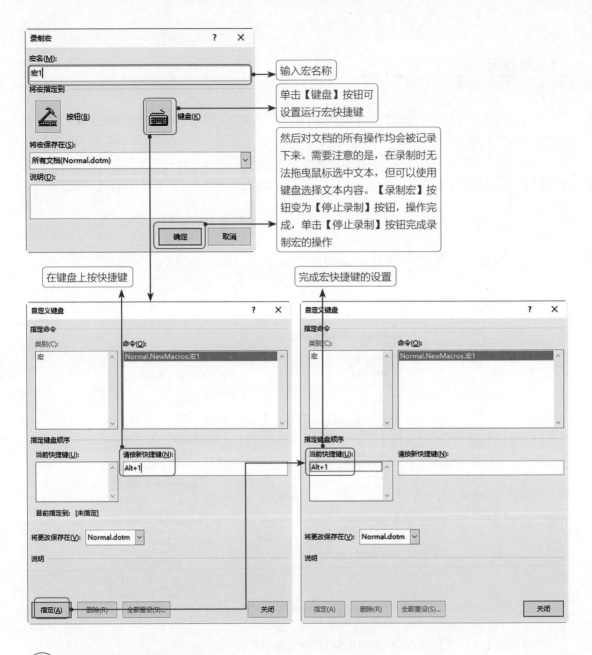

输入宏名称

单击【键盘】按钮可设置运行宏快捷键

然后对文档的所有操作均会被记录下来。需要注意的是，在录制时无法拖曳鼠标选中文本，但可以使用键盘选择文本内容。【录制宏】按钮变为【停止录制】按钮，操作完成，单击【停止录制】按钮完成录制宏的操作

在键盘上按快捷键

完成宏快捷键的设置

## 2  使用 VBE 创建宏

选择【开发工具】→【代码】→【Visual Basic】选项，打开 VBE 编辑器。

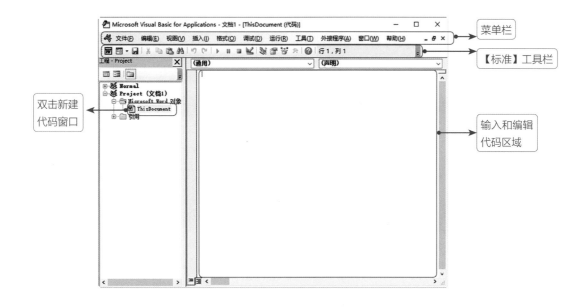

菜单栏

【标准】工具栏

双击新建
代码窗口

输入和编辑
代码区域

## ③ 运行宏

录制宏后，运行宏有以下3种方法。

方法一：选择【开发工具】→【代码】→【宏】选项，打开【宏】对话框，选择要运行的宏名称，单击【运行】按钮。

单击后，Word 就
会运行选中的宏

方法二：按【Alt+F11】组合键，打开 Microsoft Visual Basic 编辑器，将光标定位至要运行的宏过程中，单击【标准】工具栏中的【运行】按钮或按【F5】键。

方法三：使用设置的【Alt+1】组合键。

## 7.5.2 使用VBA删除段落空行

如果文档中包含大量空行，除了使用查找替换删除空行外，还可以使用 VBA 代码删除。

```
Sub DelBlank()
    Dim i As Paragraph, n As Integer
    Application.ScreenUpdating = False
    For Each i In ActiveDocument.Paragraphs
        If Len(i.Range) = 1 Then
            i.Range.Delete
            n = n + 1
        End If
    Next
        MsgBox "共删除空白段落" & n & "个"
        Application.ScreenUpdating = True
End Sub
```

解析：本代码中主要遍历文档中的所有段落，如果段落的长度为"1"，则表示该段落仅包含一个段落标记，说明为空行，然后将其删除，如下图所示。

## 7.5.3 使用VBA统一设置图片的大小

文档中图片大小不一致时，版面看起来不美观，并且不能同时选择多张嵌入式图片统一调整，因此，就可以使用 VBA 代码统一设置图片的大小。

知识拓展

```
Sub setpicsize() ' 设置图片大小
    Dim n  ' 图片个数
    On Error Resume Next ' 忽略错误
    For n = 1 To ActiveDocument.InlineShapes.Count 'InlineShapes 类型图片
    ActiveDocument.InlineShapes(n).Height = 400 ' 设置图片高度为 400px
    ActiveDocument.InlineShapes(n).Width = 300 ' 设置图片宽度 300px
    Next n
    For n = 1 To ActiveDocument.Shapes.Count 'Shapes 类型图片
    ActiveDocument.Shapes(n).Height = 400 ' 设置图片高度为 400px
    ActiveDocument.Shapes(n).Width = 300 ' 设置图片宽度 300px
    Next n
End Sub
```

解析：通过遍历文档中所有的嵌入式图片，然后将其高度统一为 400px，宽度统一为 300px。

原图　　　　　　　统一大小后

## 7.5.4 ▶ 分页保存文档

使用邮件合并制作录取通知书后，每一条记录会单独一页显示在一个文档中，如果需要将每一条记录单独在一个文档中显示，内容较多时，一个个复制并保存不仅费时，而且费力，这时就可以使用 VBA 制作宏轻松实现。

```
Option Explicit
Sub SaveAsFileByPage()
' 分页保存
    Dim objShell As Object, objFolder As Object, strNameLenth As
Integer
    Dim mySelection As Selection, myFolder As String, myArray() As
String
    Dim ThisDoc As Document, myDoc As Document, strName As String,
N As Integer
    Dim myRange As Range, PageString As String, pgOrientation As
WdOrientation
    Dim sinLeft As Single, sinRight As Single, sinTop As Single,
sinBottom As Single
    Dim ErrChar() As Variant, oChar As Variant, sinStart As
Single, sinEnd As Single
    Const myMsgTitle As String = "输入"
    Dim vbYN As VbMsgBoxResult
    sinStart = Timer
    On Error GoTo ErrHandle      ' 设置错误处理
    ' 创建一个 Shell.Application 对象
    Set objShell = CreateObject("Shell.Application")
    ' 取得文件夹浏览器
    Set objFolder = objShell.BrowseForFolder(0, "请选择一个文件夹", 0,
0)
    If objFolder Is Nothing Then Exit Sub
    myFolder = objFolder.Self.Path & ""
    Set objFolder = Nothing: Set objShell = Nothing
    Set ThisDoc = ActiveDocument      ' 定义一个 Document 对象，以利用本程序
作为加载宏
    Set mySelection = ThisDoc.ActiveWindow.Selection
    ' 文件自动命名时必须规避的字符
    ErrChar = Array("", "/", ":", "*", "?", """", "<", ">",
"|")
    ' 一些特殊字符
    For N = 0 To 31
        ReDim Preserve ErrChar(UBound(ErrChar) + 1)
        ErrChar(UBound(ErrChar)) = Chr(N)
    Next
```

```vba
    strNameLenth = Val(VBA.InputBox(prompt:="请输入您需要设置的文件名长
度，0 或者取消将自动命名！", Title:=myMsgTitle, Default:=10))
    If strNameLenth > 255 Then strNameLenth = 0
    vbYN = MsgBox("是否需要处理页尾的分隔符（分页符 / 分节符）？它可能会影响文
档结构.", vbYesNo + vbInformation + vbDefaultButton2, myMsgTitle)
    Application.ScreenUpdating = False        '关闭屏幕更新
    '在文档的每页中循环
    For N = 1 To mySelection.Information(wdNumberOfPagesInDocument)
        mySelection.GoTo What:=wdGoToPage, Which:=wdGoToNext,
Name:=N
        Set myRange = ThisDoc.Bookmarks("\PAGE").Range
        If vbYN = vbYes And VBA.Asc(myRange.Characters.Last.Text) =
12 Then _
            myRange.SetRange myRange.Start, myRange.End - 1
        '取得一个以段落标记为分隔符的一维数组
        myArray = VBA.Split(myRange.Text, Chr(13))
        '将所有文本合并为一个字符串
        PageString = VBA.Join(myArray, "")
        '取得文档中每节的页面设置
        With myRange.Sections(1).PageSetup
            sinLeft = .LeftMargin                 '左页边距
            sinRight = .RightMargin               '右页边距
            sinTop = .TopMargin                   '上边距
            sinBottom = .BottomMargin             '下边距
            pgOrientation = .Orientation    '纸张方向
        End With
        For Each oChar In ErrChar              '进行一系列替换，即删除无效字符
            PageString = VBA.Replace(PageString, oChar, "")
        Next
        If strNameLenth = 0 Then
            strName = ThisDoc.Name
            strName = VBA.Replace(LCase(strName), ".docx", "")
            strName = strName & "_" & N
        Else
            strName = VBA.Left(PageString, strNameLenth)    '取得文件名
        End If
        strName = strName & ".docx"
        myRange.Copy       '复制
        Set myDoc = Documents.Add(Visible:=False)    '新建一个隐藏的空
白文档
        With myDoc
```

```
            .Content.Paste      '粘贴
            .Content.Paragraphs.Last.Range.Delete          '删除最后一个段落标记
        With .PageSetup      '进行页面设置
            .Orientation = pgOrientation
            .LeftMargin = sinLeft
            .RightMargin = sinRight
            .TopMargin = sinTop
            .BottomMargin = sinBottom
        End With
        '如果有相同的文档，则自动命名
        If VBA.Dir(myFolder & strName,  vbDirectory) <> "" Then
strName = "Page_" & N & ".docx"
        .SaveAs myFolder & "\" & strName      '另存为
        .Close      '关闭文档
      End With
    Next
    ThisDoc.Characters(1).Copy                  '变相清空剪贴板
    Application.ScreenUpdating = True      '恢复屏幕更新
    sinEnd = Timer      '取得代码运行结束的时间
    If MsgBox("分页保存结束，用时：" & sinEnd - sinStart & _
            "秒，是否打开指定文件夹查看分页保存后的文档情况？",  vbYesNo,
myMsgTitle) = vbYes Then _
        ThisDoc.FollowHyperlink myFolder
    Exit Sub
ErrHandle:
    MsgBox "错误号：" & Err.Number & vbLf & "出错原因：" & Err.
Description,  myMsgTitle
    Err.Clear
    Application.ScreenUpdating = True      '恢复屏幕更新
End Sub
```

解析：通过设置循环，取得每个页面的信息，并且新建空白文档，将每页内容复制到新文档中并保存文档。

**高手自测 6**

本章主要介绍将文档化繁为简的技巧。通过本章学习，可以提高文档的处理速度，结束本章学习之前，先检测一下学习效果吧！

扫描右侧的二维码，即可查看注意事项及操作提示，最终结果可以参阅"结果 \ch07\ 高手自测"中相应的文档。

**高手点拨**

打开"素材 \ch07\ 高手自测 \ 高手自测 .docx"文档，将其作为主文档，将"工资条 .xlsx"作为数据源，使用邮件合并功能生成工资条。

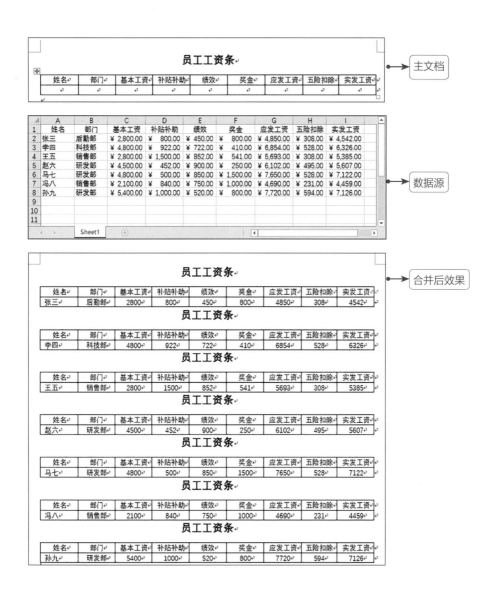

# 第8章

## 能级跃迁：让Word成为真正的利器

　　学习 Word 是一个由量变到质变的过程，经过前面几章的累积，能否实现质变，让 Word 成为排版利器，不妨来挑战一下本章内容。

# 8.1 全面改造网上下载的劳务合同

教学视频

劳务合同通常是指雇佣合同，双方当事人可以同时都是法人、组织、公民，也可以是公民与法人、组织。与劳动合同不同，劳动合同只能一方是用人单位，另一方是劳动者个人。

## 8.1.1 确定需求，找到符合需求的劳务合同

在改造劳务合同时，首先要确定劳务合同类型，然后从网上查找并下载，最后挑选出好的劳务合同。

### 1 确定需求

劳务合同包含的种类较为丰富，在搜索前首先要知道劳务合同属于哪个类型，要包含哪些内容，才能更快、更准确地找到满足要求的劳务合同。

### 2 从网上查找劳务合同

确定需求后，就可以从网上查找并下载劳务合同。

（1）在哪里找。

可以在百度文库（https://wenku.baidu.com/）、豆丁网（http://www.docin.com/）、易法通（http://www.yifatong.com）、法律快车（http://fanben.lawtime.cn/）等网站下载，部分网站提供的文档是需要收费下载的。

（2）如何找。

在搜索劳务合同模板时，如果只给出一个单词进行搜索，那么匹配结果将会很多，如果再

加上一个单词，那么搜索结果会更加切题。用户在搜索时，输入两个关键词，并用 AND（与逻辑）结合起来，或者在每个词前面加上加号（+），以此来加快搜索。这里可以通过劳务合同类型关键词 + 劳务合同进行搜索，如"委托 + 劳务合同"。在下方还可以选择搜索文档类型，如"DOC""PPT""TXT""PDF"等。

## 3　哪些是好的劳务合同

　　搜索到劳务合同后，怎样判断哪些是好的劳务合同。首先要看劳务合同中的条款是否与需求接近，越接近修改越简单；其次看内容条款是否完整。一份完整的劳务合同应包含以下内容。

　　（1）用人单位的名称、住所和法定代表人或主要负责人。

　　（2）劳动者的姓名、住址和居民身份证或其他有效身份证件号码。

　　（3）劳务合同期限。

　　（4）工作内容和工作地点。

　　（5）工作时间和休息休假。

　　（6）劳动报酬。

　　（7）社会保险。

　　（8）劳动保护、劳动条件和职业危害防护。

　　（9）法律、法规规定应当纳入劳动合同的其他事项。

## 8.1.2　改造劳务合同

　　改造劳务合同主要是根据需求改造劳务合同的内容，去掉多余的格式并重新排版。

## 1 改造内容

网上下载的劳务合同并不能完全满足签订劳务合同的需要，因此在合同尚未履行前，经用人单位和劳动者双方协商，坚持平等自愿、协商一致的原则，对劳务合同中的条款修改、补充或删减。

## 2 删掉多余格式

网上下载或复制的文档通常包含大量空格、空白段落、文字底纹及不需要的字体和段落等样式，因此，首先要统查文档，将错误的格式替换掉。

（1）清除字体和段落样式。

按【Ctrl+A】组合键选择全部文档，单击【开始】选项卡下【样式】组中的【其他】按钮，选择【清除格式】选项。

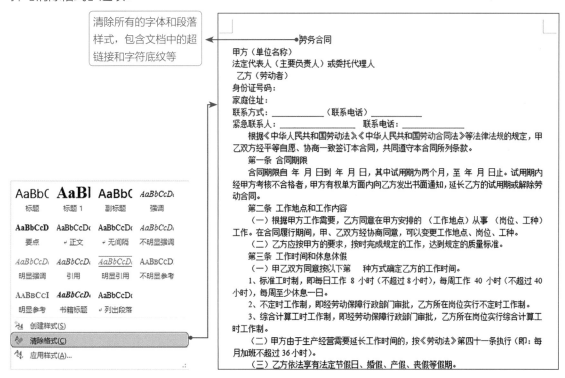

清除所有的字体和段落样式，包含文档中的超链接和字符底纹等

（2）清除多余的空格。

文档中包含大量的空白区域和空白段落，可以使用查找替换的方法清除。

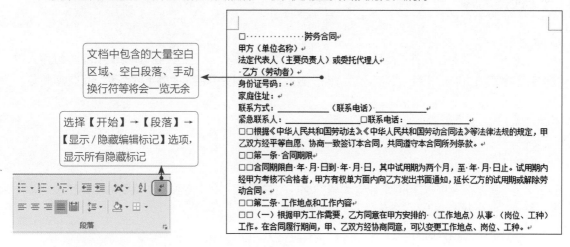

文档中包含的大量空白区域、空白段落、手动换行符等将会一览无余

选择【开始】→【段落】→【显示／隐藏编辑标记】选项，显示所有隐藏标记

可以使用替换功能将文档中不需要的格式替换掉。

替换掉半角、全角空格标记、制表符等空白区域

取消选中【区分全／半角】复选框，才可以替换掉全角空格标记

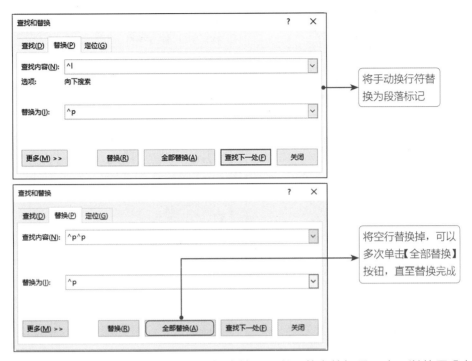

将手动换行符替换为段落标记

将空行替换掉，可以多次单击【全部替换】按钮，直至替换完成

　　如果文档中有英文标点符号，也有中文标点符号，以及英文的括号，也可以使用【查找和替换】功能将英文符号替换为中文符号。

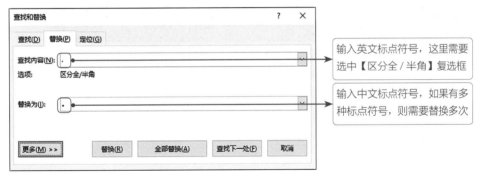

输入英文标点符号，这里需要选中【区分全 / 半角】复选框

输入中文标点符号，如果有多种标点符号，则需要替换多次

　　（3）排版劳务合同。

　　清除格式后，就可以开始排版了。长文档使用样式排版效率更高，但文档内容不多时，使用格式刷效率更高。

　　排版劳务合同，首先设置文档页面。如下图所示，常用的【纸张大小】为"A4"，【纸张方向】为"纵向"，【上】【下】页边距为"2.54 厘米"，【左】【右】页边距为"3.17 厘米"。

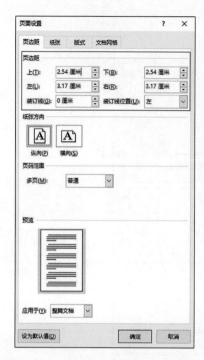
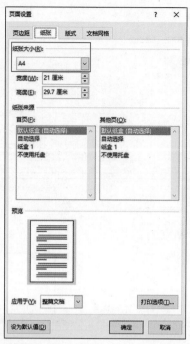

将劳务合同分页，首页显示标题及用人单位和劳动者双方信息，合同条款细则从第 2 页开始显示。

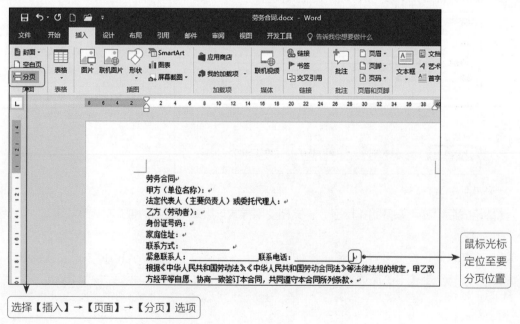

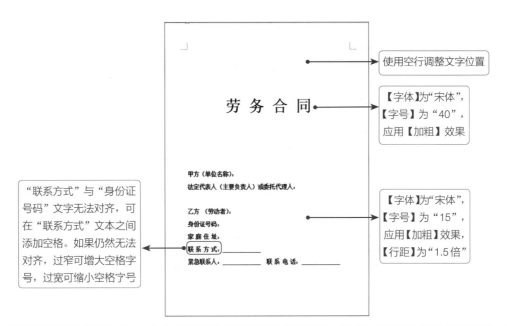

使用空行调整文字位置

劳 务 合 同

【字体】为"宋体"，
【字号】为"40"，
应用【加粗】效果

甲方（单位名称）：
法定代表人（主要负责人）或委托代理人：

乙方（劳动者）：
身份证号码：
家庭住址：
联系方式：_____
紧急联系人：_____ 联系电话：_____

【字体】为"宋体"，
【字号】为"15"，
应用【加粗】效果，
【行距】为"1.5倍"

"联系方式"与"身份证
号码"文字无法对齐，可
在"联系方式"文本之间
添加空格。如果仍然无法
对齐，过窄可增大空格字
号，过宽可缩小空格字号

开始排版劳务合同正文，内容不多可以分别设置标题和正文样式，使用格式刷应用样式。首先选择"第一条合同期限"文本，在"第一条""合同期限"之间输入空格。

设置标题字体样式

设置标题段落样式

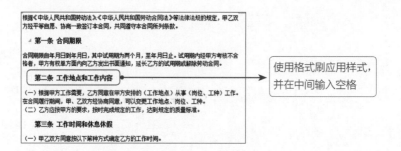

使用格式刷应用样式，并在中间输入空格

使用同样的方法，设置正文【字体】为"宋体"、【字号】为"小四"、【首行缩进】为"2字符"、【行距】为"1.2倍"。

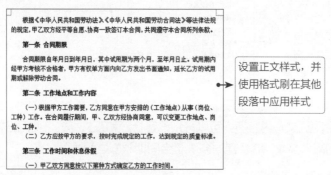

设置正文样式，并使用格式刷在其他段落中应用样式

在合同最后会有落款，一行的内容需要分别左右对齐，用空格调整总会发现参差不齐，这时可以使用制表位调整。

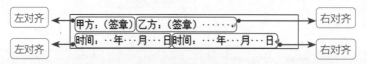

| 制表符图示 | 名称 | 作用 |
|---|---|---|
| ∟ | 左对齐式制表符 | 文本沿制表符左侧对齐 |
| ⊥ | 居中式制表符 | 文本沿制表符居中对齐 |
| ⌐ | 右对齐式制表符 | 文本沿制表符右侧对齐 |
| ⊥. | 小数点对齐式制表符 | 文本沿制表符按小数点对齐，仅有小数点时可用 |
| ⌐ | 竖线对齐式制表符 | 文本沿制表符插入竖线，不定位文本，仅提供参考线 |

按【Tab】键即可产生一个制表符，但真正让制表符产生作用的是"制表位"的设置。需要注意的是，制表位仅作用于当前段落。插入制表符后有两种方法进行设置。

方法一：在标尺拖曳制表符调整。

选择插入的
制表符类型

选择制表符类型后，在标尺合适位置单击，即可
插入制表符，按住鼠标左键拖曳，即可调整制表
位。将制表符拖曳出标尺，即可删除制表符

方法二：使用【制表位】对话框设置。

双击标尺中的制表符，或者在【段落】对话框中单击【制表位】按钮可以打开【制表位】对话框。

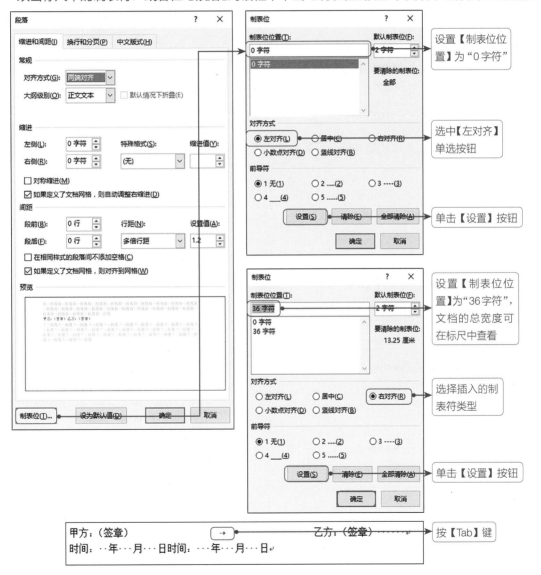

设置【制表位位
置】为"0字符"

选中【左对齐】
单选按钮

单击【设置】按钮

设置【制表位位
置】为"36字符"，
文档的总宽度可
在标尺中查看

选择插入的制
表符类型

单击【设置】按钮

按【Tab】键

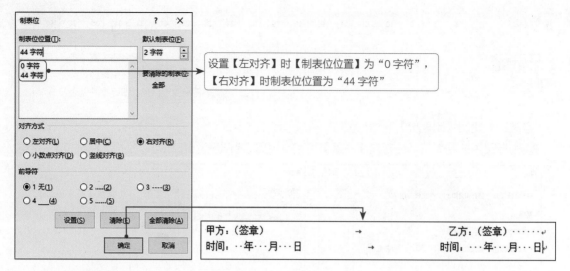

设置【左对齐】时【制表位位置】为"0 字符"，【右对齐】时制表位位置为"44 字符"

（4）检查修改。

完成正文排版后，再次统查并修改劳务合同，最后根据需要添加页眉和页码即可。

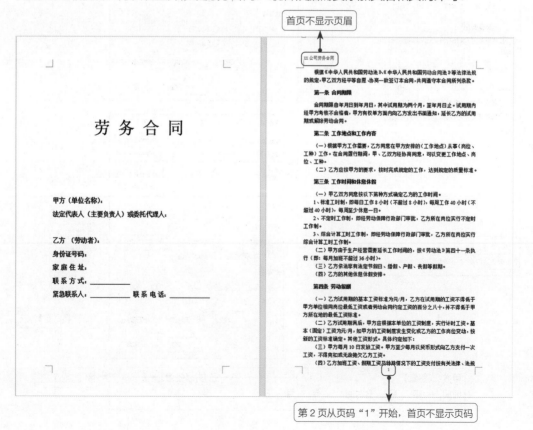

首页不显示页眉

第 2 页从页码"1"开始，首页不显示页码

# 8.2 使用 Word 优雅做出一份简历

教学视频

制作简历是一个包含技术和设计技巧的精细活儿，简历做得漂亮，应聘时被挑出来的概率就大得多。

## 8.2.1 套用模板轻松搞定简历

可以使用 Word 自带的简历模板，也可以在简历模板网站上下载或在线制作简历。

### 1 使用内置模板

在【新建】区域搜索"简历"，在下方的搜索结果中选择合适的简历模板

## 2  下载或在线编辑模板

如果 Word 内置的简历模板不能满足要求，可以在专业的模板网站下载或在线制作简历。

| 网站名称 | 网址 | 优势 |
| --- | --- | --- |
| 五百丁简历 | www.500d.me | 支持简历模板下载、在线制作、简历定制 |
| 乔布简历 | http://cv.qiaobutang.com/ | 分类详细、风格多样、编辑简单、支持在线制作、下载 |
| 向日葵 | http://jianli.111ppt.com/ | 种类多 |

## 3  OfficePLUS

OfficePLUS.cn 是微软官方模板网站，支持免费下载，如下图所示。

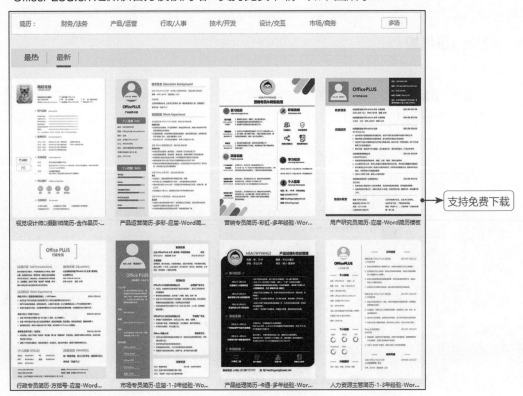

支持免费下载

使用表格制作简历是最常用的方法，第 1 步搭建框架、输入内容；第 2 步美化线条，有些工整、好看的简历看不到表格边框，就是将边框去掉了；第 3 步使用色块修饰简历；第 4 步对整个版面布局优化。

在制作简历之前，首先要根据实际情况将简历按照信息分块，整理出基本的文字稿。

**个人简历内容**

应聘职位：产品运营总监

**个人基本信息**

姓名：张三　　　年龄：24 岁　　　性别：男　　　住址：河南省郑州市

联系电话：138XXXX1102　　　电子邮箱：zhangsan23@163.com

**教育背景**

2012.09-2016.07　　　　　中山大学　　　　工商管理（本科）

2013 年获国家奖学金

2014 年获三好学生称号

2015 年获大学生创意竞赛一等奖

2016 年获得优秀毕业生称号

2016.09-2018.07　　　　　中山大学　　　　工商管理（硕士）

2017 年获青年创业大赛银奖

2017 年获校研究生挑战杯金奖

**实践、工作经验**

深圳 XX 公司　2015.10-2016.04　　　　运营实习生

负责网站后台管理、产品更新维护、数据追踪和分析，根据分析结果和市场反馈调整网站内容结构

负责微博运营，保持品牌活跃度，运营期间每日平均涨粉 300+，粉丝总数增长 150%

负责与设计师、合作单位沟通联系，积累了大量业内人脉

北京 XX 贸易有限公司　2017.03-2017.11　　　　运营实习生

协助运营总监管理产品日常运营工作

负责基础管理、活动策划、渠道分销、资源拓展等工作的沟通协调

**个人技能**

英语技能：95

办公软件：85

PhotoShop：80

计算机等级：75

**个人评价**

性格活泼，思维活跃，善于人交流

有丰富的产品运营经验，熟悉产品运营知识

有较强的分析和总结问题能力

> 这里大致分为以下六部分。
> ①标题、求职意向。
> ②个人基本信息。
> ③教育背景。
> ④实践、工作经验。
> ⑤个人技能。
> ⑥个人评价

## 1 搭建框架

搭建框架分为确定表格行列数、插入表格、拆分合并单元格、输入个人信息并设置行间距、设置个人信息样式及将表格调整至合适大小。

（1）确定行列数。

根据基本文字稿确定表格的行数和列数，这里将应聘职位放置到表格外，标题和内容各占一

行，需要 10 行，列数为 3，也可以先将列数设置为"1"，然后根据需要调整各行的列数。

（2）插入表格。

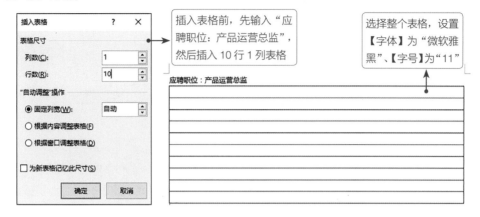

（3）拆分合并单元格。

选择要拆分的行，进行单元格拆分。"教育背景"下"日期""学校""专业"需要 3 列，教育分为本科阶段和硕士阶段，需要 4 行，所以将这 4 行拆分为"3 列 4 行"。

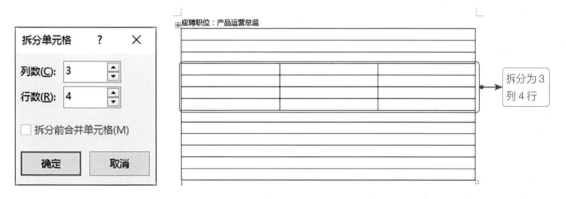

拆分后，需要将再教育阶段获得的奖励放在一个单元格中，可以将拆分后的第 2 行和第 4 行合并。

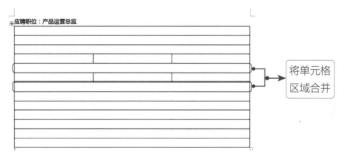

应聘职位：产品运营总监

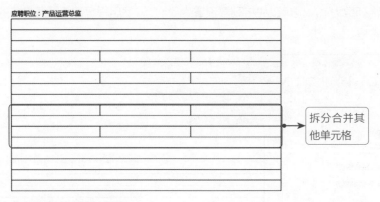

拆分合并其他单元格

（4）输入个人信息并设置行间距。

将表格拆分、合并之后，大致结构就完成了，然后输入内容即可。如果行间距过宽或过窄，可选择整个表，调整行间距。

应聘职位：产品运营总监

| 个人基本信息 | | |
|---|---|---|
| 姓名：张三　　年龄：24 岁　　　性别：男　　住址：河南省郑州市 联系电话：138XXXX1102　　电子邮箱：zhangsan23@163.com | | |
| 教育背景 | | |
| 2012.09-2016.07 | 中山大学 | 工商管理（本科） |
| 2013 年获国家奖学金 | | |
| 2014 年获三好学生称号 | | |
| 2015 年获大学生创意竞赛一等奖 | | |
| 2016 年获得优秀毕业生称号 | | |
| 2016.09-2018.07 | 中山大学 | 工商管理（硕士） |
| 2017 年获青年创业大赛银奖 | | |
| 2017 年获校研究生挑战杯金奖 | | |
| 实践、工作经验 | | |
| 深圳 XX 公司 | 2015.10-2016.04 | 运营实习生 |
| 负责网站后台管理、产品更新维护、数据追踪和分析，根据分析结果和市场反馈调整网站内容结构 负责微博运营，保持品牌活跃度，运营期间每日平均涨粉 300+，粉丝总数增长 150% 负责与设计师、合作单位沟通联系，积累了大量业内人脉 | | |
| 北京 XX 贸易有限公司 | 2017.03-2017.11 | 运营实习生 |
| 协助运营总监管理产品日常运营工作 负责基础管理、活动策划、渠道分销、资源拓展等工作的沟通协调 | | |
| 个人技能 | | |
| 英语技能：95 | | |
| 办公软件：85 | | |
| PhotoShop：80 | | |
| 计算机等级：75 | | |
| 个人评价 | | |
| 性格活泼，思维活跃，善于人交流 有丰富的产品运营经验，熟悉产品运营知识 有较强的分析和总结问题能力 | | |

在对应的单元格中输入文字内容。在【段落】对话框中取消选中【如果定义了文档网格，则对齐到网格】复选框

（5）设置个人信息样式。

根据需要调整标题的字体样式，将标题【字号】设置为"四号"，并添加【加粗】效果。然后插入图片，效果如下图所示。

应聘职位：产品运营总监

## 个人基本信息

| 姓名：张三 | | |
|---|---|---|
| 年龄：24 岁 | 性别：男 | 住址：河南省郑州市 |
| 联系电话：138XXXX1102 | 电子邮箱：zhangsan23@163.com | |

## 教育背景

| 2012.09-2016.07 | 中山大学 | 工商管理（本科） |
|---|---|---|
| 2013 年获国家奖学金 | | |
| 2014 年获三好学生称号 | | |
| 2015 年获大学生创意竞赛一等奖 | | |
| 2016 年获得优秀毕业生称号 | | |
| 2016.09-2018.07 | 中山大学 | 工商管理（硕士） |
| 2017 年获青年创业大赛银奖 | | |
| 2017 年获校研究生挑战杯金奖 | | |

## 实践、工作经验

| 深圳 XX 公司 | 2015.10-2016.04 | 运营实习生 |
|---|---|---|
| 负责网站后台管理、产品更新维护、数据追踪和分析，根据分析结果和市场反馈调整网站内容结构 | | |
| 负责微博运营，保持品牌活跃度，运营期间每日平均涨粉 300+，粉丝总数增长 150% | | |
| 负责与设计师、合作单位沟通联系，积累了大量业内人脉 | | |
| 北京 XX 贸易有限公司 | 2017.03-2017.11 | 运营实习生 |
| 协助运营总监管理产品日常运营工作 | | |
| 负责基础管理、活动策划、渠道分销、资源拓展等工作的沟通协调 | | |

## 个人技能

英语技能：95
办公软件：85
PhotoShop：80
计算机等级：75

## 个人评价

性格活泼，思维活跃，善于人交流
有丰富的产品运营经验，熟悉产品运营知识
有较强的分析和总结问题能力

（6）将表格调整至合适大小。

①简历内容不满一页时，通常要调整表格的宽度和高度，使其占满一个页面。

②拖曳表格右下角控制柄，可将表格横向增大。

③拖曳表格中横向边框线，可纵向增大表格。

④如果要微调边框，可以按住【Alt】键。

⑤如果表格刚好占满一页，导致下一页多了一个空行，可以参考本书 2.4 节。

## ② 美化线条

制作无边框的简历，首先需要去掉边框，然后在各项之间添加线条分割，使简历更美观、方便阅读。

（1）取消表格边框。

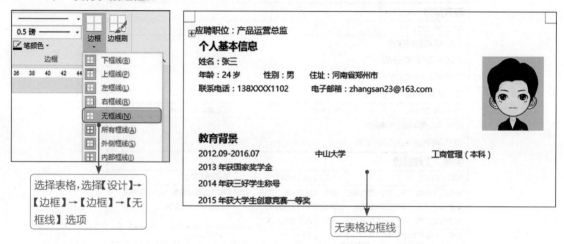

选择表格，选择【设计】→【边框】→【边框】→【无框线】选项

无表格边框线

（2）插入表格。

取消边框后，表格边框线为不可见状态，为了便于对部分边框设置效果，可显示网格线。

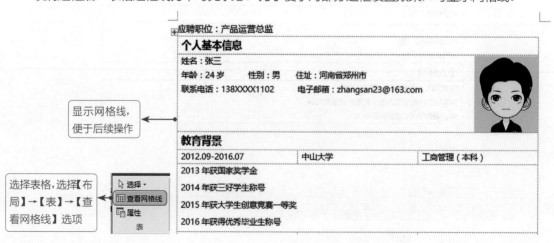

显示网格线，便于后续操作

选择表格，选择【布局】→【表】→【查看网格线】选项

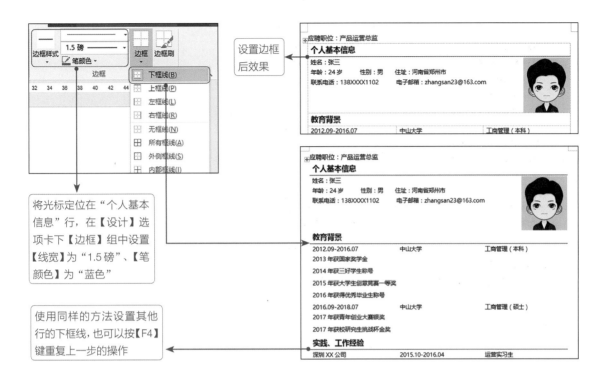

将光标定位在"个人基本信息"行，在【设计】选项卡下【边框】组中设置【线宽】为"1.5磅"、【笔颜色】为"蓝色"

使用同样的方法设置其他行的下框线，也可以按【F4】键重复上一步的操作

设置边框后效果

# ③ 使用色块修饰

为了让标题更加突出，可以使用色块修饰标题。

选择"教育背景"行，将其拆分为3列

调整边线的位置，选择相邻单元格调整边框线，即可仅调整中间边线的位置

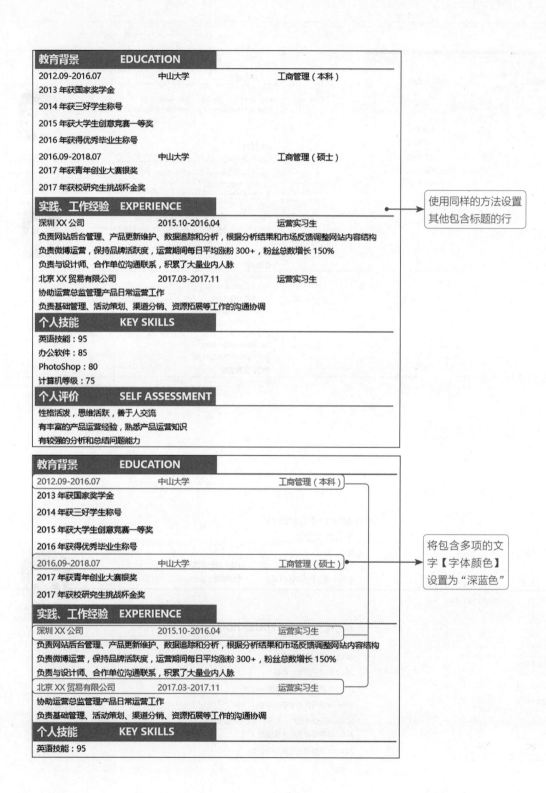

**教育背景　　EDUCATION**

| 2012.09-2016.07 | 中山大学 | 工商管理（本科） |

2013 年获国家奖学金

2014 年获三好学生称号

2015 年获大学生创意竞赛一等奖

2016 年获得优秀毕业生称号

| 2016.09-2018.07 | 中山大学 | 工商管理（硕士） |

2017 年获青年创业大赛银奖

2017 年获校研究生挑战杯金奖

**实践、工作经验　EXPERIENCE**

| 深圳 XX 公司 | 2015.10-2016.04 | 运营实习生 |

负责网站后台管理、产品更新维护、数据追踪和分析，根据分析结果和市场反馈调整网站内容结构

负责微博运营，保持品牌活跃度，运营期间每日平均涨粉 300+，粉丝总数增长 150%

负责与设计师、合作单位沟通联系，积累了大量业内人脉

| 北京 XX 贸易有限公司 | 2017.03-2017.11 | 运营实习生 |

协助运营总监管理产品日常运营工作

负责基础管理、活动策划、渠道分销、资源拓展等工作的沟通协调

**个人技能　　KEY SKILLS**

英语技能：95

办公软件：85

PhotoShop：80

计算机等级：75

**个人评价　　SELF ASSESSMENT**

性格活泼，思维活跃，善于人交流

有丰富的产品运营经验，熟悉产品运营知识

有较强的分析和总结问题能力

使用同样的方法设置其他包含标题的行

**教育背景　　EDUCATION**

| 2012.09-2016.07 | 中山大学 | 工商管理（本科） |

2013 年获国家奖学金

2014 年获三好学生称号

2015 年获大学生创意竞赛一等奖

2016 年获得优秀毕业生称号

| 2016.09-2018.07 | 中山大学 | 工商管理（硕士） |

2017 年获青年创业大赛银奖

2017 年获校研究生挑战杯金奖

**实践、工作经验　EXPERIENCE**

| 深圳 XX 公司 | 2015.10-2016.04 | 运营实习生 |

负责网站后台管理、产品更新维护、数据追踪和分析，根据分析结果和市场反馈调整网站内容结构

负责微博运营，保持品牌活跃度，运营期间每日平均涨粉 300+，粉丝总数增长 150%

负责与设计师、合作单位沟通联系，积累了大量业内人脉

| 北京 XX 贸易有限公司 | 2017.03-2017.11 | 运营实习生 |

协助运营总监管理产品日常运营工作

负责基础管理、活动策划、渠道分销、资源拓展等工作的沟通协调

**个人技能　　KEY SKILLS**

英语技能：95

将包含多项的文字【字体颜色】设置为"深蓝色"

## 4 优化版面布局

如果要将个人基本信息、个人技能放置在左侧，可以先减小表格宽度，在左侧插入矩形图形。在其中输入对应内容即可。

（1）调整表格宽度，将要放置在左侧的内容删除。

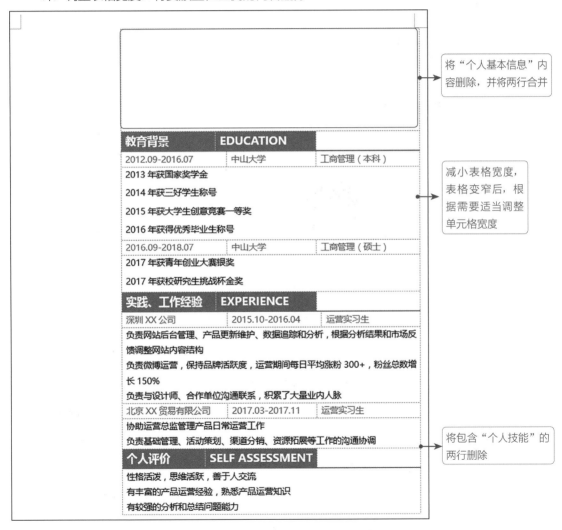

将"个人基本信息"内容删除，并将两行合并

减小表格宽度，表格变窄后，根据需要适当调整单元格宽度

将包含"个人技能"的两行删除

（2）在第一个单元格中输入"PERSONAL RESUME"并设置字体样式，在下方绘制一条横线。

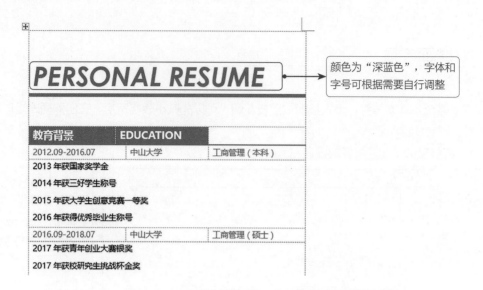

颜色为"深蓝色"，字体和字号可根据需要自行调整

（3）在左侧绘制矩形，插入照片并使用文本框输入个人基本信息。

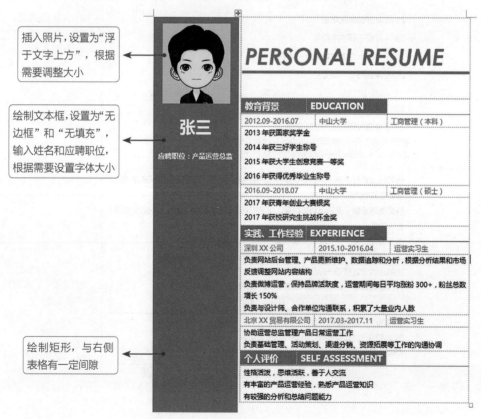

插入照片，设置为"浮于文字上方"，根据需要调整大小

绘制文本框，设置为"无边框"和"无填充"，输入姓名和应聘职位，根据需要设置字体大小

绘制矩形，与右侧表格有一定间隙

绘制文本框，输入其他信息，在前方插入图片，设置图片【宽度】为"0.4厘米"，并在图片后添加一个空格

（4）使用插入图表功能在左侧矩形内显示个人技能。

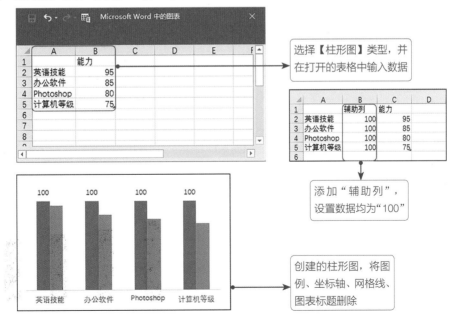

选择【柱形图】类型，并在打开的表格中输入数据

添加"辅助列"，设置数据均为"100"

创建的柱形图，将图例、坐标轴、网格线、图表标题删除

插入图表后，设置图表系列格式。

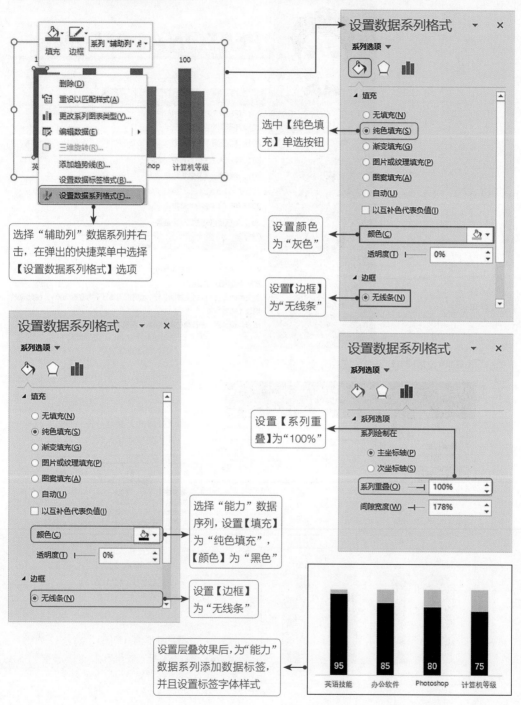

选择"辅助列"数据系列并右击，在弹出的快捷菜单中选择【设置数据系列格式】选项

选中【纯色填充】单选按钮

设置颜色为"灰色"

设置【边框】为"无线条"

选择"能力"数据序列，设置【填充】为"纯色填充"，【颜色】为"黑色"

设置【边框】为"无线条"

设置【系列重叠】为"100%"

设置层叠效果后，为"能力"数据系列添加数据标签，并且设置标签字体样式

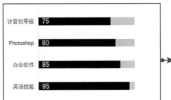

条形图图表效果，如果更改图标类型后，"系列重叠"效果消失，重新设置【系列重叠】为"100%"即可

如果要更改为条形图。可单击【更改图表类型】按钮，然后选择条形图图表

创建图表后，图表显示有白色背景及灰色边框，可以选择图表区，打开【设置图表区格式】窗格，设置图表区【填充】为"无填充"、【边框】为"无线条"。

设置图表中文字【字体】为"微软雅黑"、【颜色】为"白色"

选择图表区，设置【填充】为"无填充"、【边框】为"无线条"

左右两部分没有对齐，怎么办？

最后只要调整右侧表格的行高或中间文字的行间距，使右侧表格占满一页即可。

最终效果

调整表格行高或增大
文字行间距

## 8.3 又快又好地设计邀请函

邀请函是生活中常用的一种日常应用写作文，包括非对称半折卡、对称折卡和单卡几种。

邀请函包括封面和内容页，设计邀请函需要准备以下内容。

## 1 选择邀请函尺寸

邀请函常用尺寸如下表所示（单位：厘米）。

| 邀请函类型 | 展开尺寸 | 折叠尺寸 |
| --- | --- | --- |
| 非对称半折卡 | 10.5 × 31 | 10.5 × 19 |
| | 9 × 31.5 | 9 × 18.5 |
| 对称折卡 | 16 × 22 | 16 × 11 |
| | 21 × 20、18 × 21、10.5 × 36 | 21 × 10、18 × 10.5、10.5 × 18 |
| | 21 × 28 | 21 × 14 |
| 单卡 | 9 × 18、10.5 × 18、9 × 21、16.5 × 0.2、10 × 14.5 | |

当然也可以根据需要自定义邀请函的尺寸。

## 2 封面图片

封面图片是制作邀请函主要的一项，封面图片的风格需要根据邀请函的目的、邀请对象选择合适的背景图片。能够熟练使用 Photoshop 软件，就能制作出个性的背景图。如果不会设计图片，可以在网上查找合适的图片并简单地处理作为封面背景，也可以从模板网站搜索邀请函，下载并修改邀请函模板。

常用的图片素材网站有千图网、我图网、昵图网、千库网等。

常用的 Word 模板网站有千图网、我图网等。

## 3 正文部分

  邀请函的正文内容大同小异，主要是活动主办方正式告知被邀请方举办礼仪活动的缘由、目的、事项及要求，写明礼仪活动的日程安排、时间、地点，并对被邀请方发出得体、诚挚的邀请。

  正文结尾一般要写常用的邀请惯用语，如"静候光临""欢迎光临"等。

### 8.3.2   制作邀请函

  准备工作完成之后就可以开始制作邀请函，其效果如下图所示。

# 1 设置页面大小

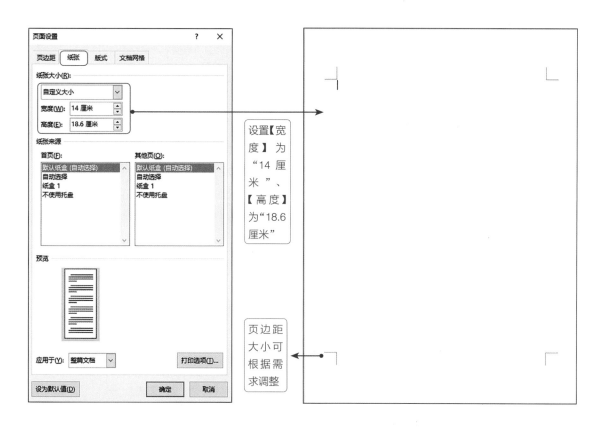

设置【宽度】为"14厘米"、【高度】为"18.6厘米"

页边距大小可根据需求调整

# 2 设置封面

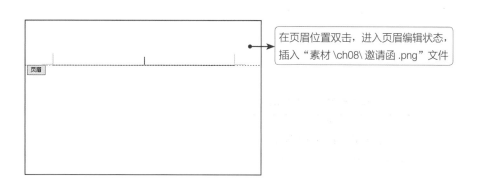

在页眉位置双击，进入页眉编辑状态，插入"素材\ch08\邀请函.png"文件

调整图片大小，并设置图片【环绕方式】为"衬于文字下方"。如果页眉显示有横线，需要把页眉中横线去掉

在封面输入文字，并根据需要设置文字样式，绘制文本框时，需要注意设置文本框的【形状填充】为"无填充"、【形状轮廓】为"无轮廓"。

绘制文本框，输入邀请函主题内容，设置字体和字号，对齐方式为"分散对齐"，需要注意整体协调

输入其他美化封面的文字内容，根据需要设置字体样式

活动举办地址

绘制横线和三角形

主办单位信息

## ③ 设置正文

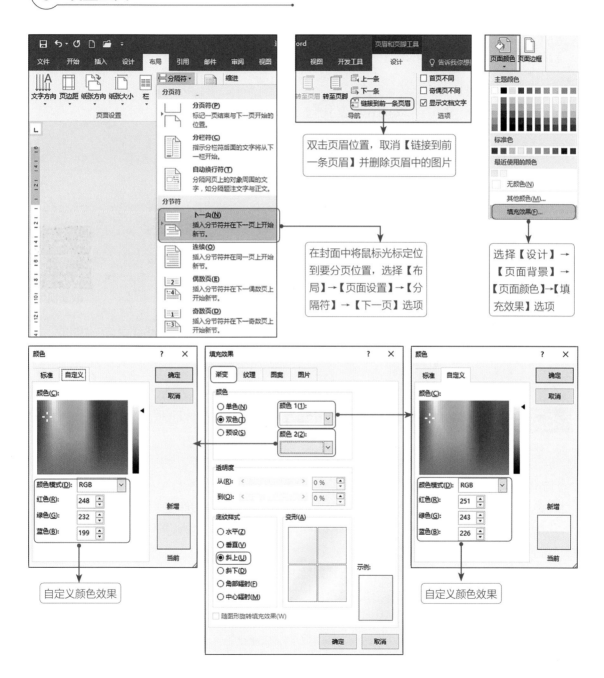

双击页眉位置，取消【链接到前一条页眉】并删除页眉中的图片

在封面中将鼠标光标定位到要分页位置，选择【布局】→【页面设置】→【分隔符】→【下一页】选项

选择【设计】→【页面背景】→【页面颜色】→【填充效果】选项

自定义颜色效果

自定义颜色效果

页面设置完成之后，即可在正文页面中输入邀请函内容，如下图所示。

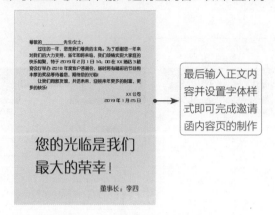

最后输入正文内容并设置字体样式即可完成邀请函内容页的制作

# 8.4 使用 Word 高效制作工程标书

教学视频

标书格式不是固定的，通常在招标文件中会给出工程标书的格式，按照格式排版标书即可。如果招标文件中对字体、行间距没有要求，则以布局合理、阅读方便为准。

## 8.4.1 制作工程标书前的准备工作

制作工程投标标书时，包含 3 种情况。

（1）招标文件中包含已经制作完成的投标标书，投标方只需要按照要求填入相关内容即可。

（2）招标文件中包含投标文件的目录和格式要求，需要投标方按照招标文件中的要求制作投标标书并排版。

（3）招标文件中没有对投标文件的格式做要求，这时就需要自定义格式，标书文档通常使用严肃、正规的字体，可以设置标题字体为"黑体"、正文字体为"宋体"。

其他需要准备的工作有以下几点。

（1）页面设置。采用"A4"纸张，左边距为"25mm"，上边距、右边距、下边距均为"20mm"，正文行间距为"1.5 倍行距"。

（2）项目编号的类型。这里采用"第1部分、第2部分……""1.1、1.2……""1.1.1、1.1.2……""一、二……""1.2.……""（1）（2）……""a、b……""①②……""■"和"●"形式编号。

（3）页眉、页脚格式。采用相同的页眉和页脚，首页不设页眉、页脚、页码，正文部分页眉显示投标单位名称和项目名称，页脚显示页码及投标单位信息。

（4）表格中字体为"宋体"，不加粗，图片设置为"居中"对齐。

## 8.4.2 设置页面及封面

制作工程标书前，需要先设置页面，并制作标书封面。

## 1 设置页面

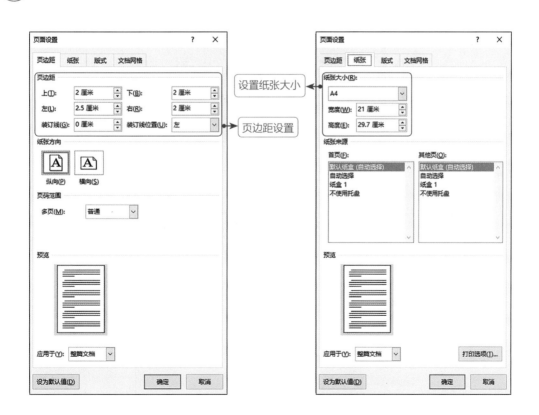

## 2 设置封面

工程标书封面包括项目名称、投标单位、代理人、投标时间等几个要素。

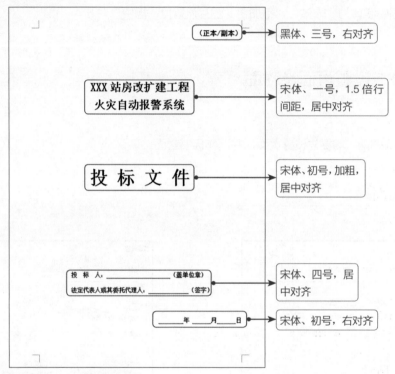

封面页制作完成后，可以在最后插入"分页符"，将第 2 页作为目录页，再次插入"分页符"，然后便可进行正文排版。

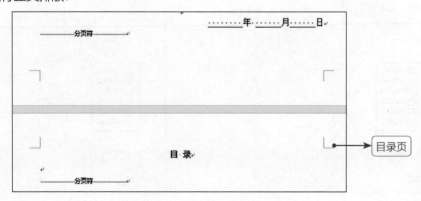

**8.4.3** 设置标题和正文样式

打开"素材 \ch08\ 工程标书内容 .docx"文档，将其中内容复制到标书文档中。

## 1 设置标题样式

选择一级标题段落，打开【样式】窗格，单击【新建样式】按钮，在打开的【根据格式化创建新样式】对话框中进行设置。

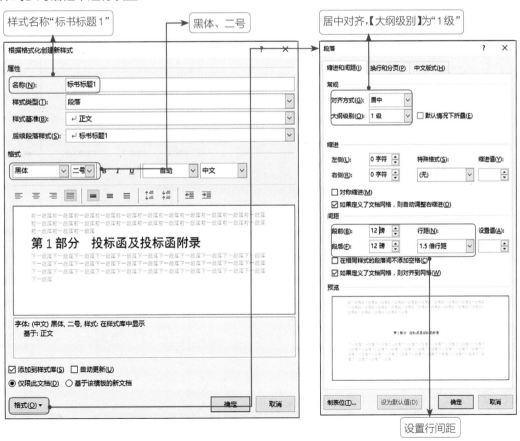

样式名称"标书标题1"

黑体、二号

居中对齐，【大纲级别】为"1级"

设置行间距

根据格式化创建新样式

属性

名称(N)：标书标题1
样式类型(T)：段落
样式基准(B)：↵正文
后续段落样式(S)：↵标书标题1

格式

黑体　二号

前一段落前一段落前一段落前一段落前一段落前一段落前一段落前一段落前一段落前一段落前一段落前一段落前一段落前一段落前一段落前一段落

第 1 部分　投标函及投标函附录

下一段落下一段落下一段落下一段落下一段落下一段落下一段落下一段落下一段落下一段落下一段落下一段落下一段落下一段落下一段落下一段落下一段落

字体: (中文) 黑体, 二号, 样式: 在样式库中显示
基于: 正文

☑ 添加到样式库(S)　□ 自动更新(U)
● 仅限此文档(D)　○ 基于该模板的新文档

格式(O) ▼　　　确定　取消

段落

缩进和间距(I)　换行和分页(P)　中文版式(H)

常规

对齐方式(G)：居中
大纲级别(O)：1 级　　□ 默认情况下折叠(E)

缩进

左侧(L)：0 字符　特殊格式(S)：　缩进值(Y)：
右侧(R)：0 字符　(无)

□ 对称缩进(M)
☑ 如果定义了文档网格，则自动调整右缩进(D)

间距

段前(B)：12 磅　行距(N)：　设置值(A)：
段后(F)：12 磅　1.5 倍行距

□ 在相同样式的段落间不添加空格(C)
☑ 如果定义了文档网格，则对齐到网格(W)

预览

第1部分 投标函及投标函附录

制表位(T)...　设为默认值(D)　确定　取消

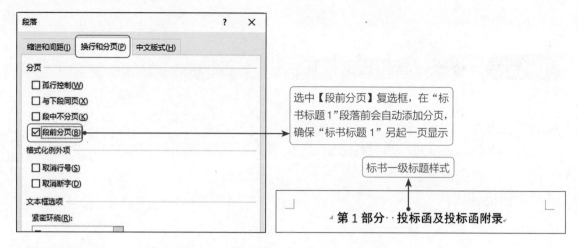

选中【段前分页】复选框，在"标书标题1"段落前会自动添加分页，确保"标书标题1"另起一页显示

标书一级标题样式

第 1 部分 · 投标函及投标函附录

使用同样的方法设置二级标题，如下图所示。

标书标题 2 样式

两端对齐，【大纲级别】为"2级"

设置行间距

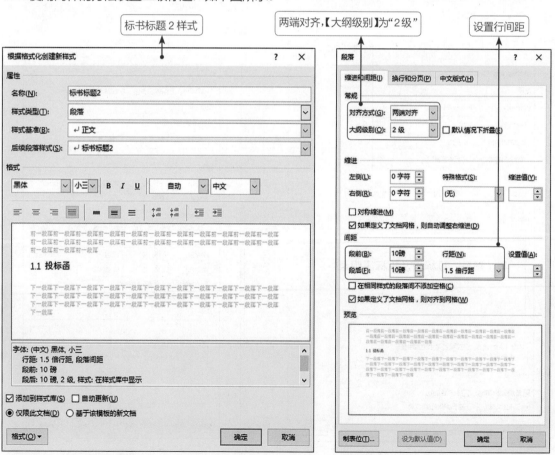

选中【与下段同页】复选框，避免"标书标题2"标题显示在文档页面最下方

然后设置【字体】为"黑体"、【字号】为"小四"、【对齐方式】为"两端对齐"、【大纲级别】为"3级"、【段前】【段后】为"0.5磅"、【行距】为"1.5倍行距"的"标书标题3"样式。

设置【字体】为"黑体"、【字号】为"小四"、【对齐方式】为"两端对齐"、【大纲级别】为"4级"、【行距】为"1.5倍行距"的"标书标题4"样式。

设置【字体】为"宋体"、【字号】为"小四"、【对齐方式】为"两端对齐"、【首行缩进】为"2字符"、【行距】为"1.5倍行距"的"标书正文"样式。

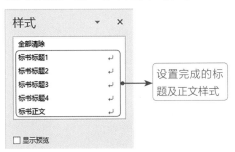

设置完成的标题及正文样式

## 2 应用标题及正文样式

选择要应用样式的段落,在【样式】窗格中单击要应用的样式名称即可。

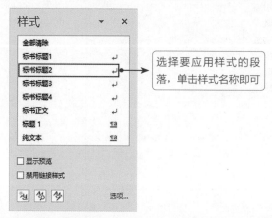

标题样式设置完成后,就需要应用正文样式,将鼠标光标定位到没有应用样式的段落中,选择【开始】→【编辑】→【选择】→【选定所有格式类似的文本(无数据)】选项,即可快速选择所有没有设置样式的内容。

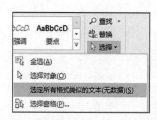

需要注意的是首页中的内容,也有可能被选中,需要按住【Ctrl】键,再次选择不需要设置为正文样式的内容,将其去除。
如果仅选择了部分正文,这是因为正文内容的样式不同,只需要再次选择其他正文,重复操作即可

应用样式后,正文中的部分内容样式需要重新修改,此时,只需要检查并单独修改特殊部分即可。

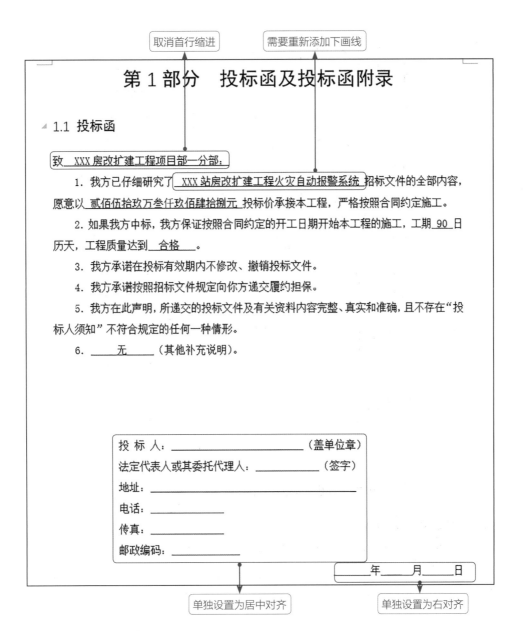

取消首行缩进

需要重新添加下画线

# 第1部分　投标函及投标函附录

## 1.1 投标函

致　XXX 房改扩建工程项目部一分部：

1. 我方已仔细研究了 XXX 站房改扩建工程火灾自动报警系统 招标文件的全部内容，愿意以 贰佰伍拾玖万叁仟玖佰肆拾捌元 投标价承接本工程，严格按照合同约定施工。

2. 如果我方中标，我方保证按照合同约定的开工日期开始本工程的施工，工期 90 日历天，工程质量达到 合格 。

3. 我方承诺在投标有效期内不修改、撤销投标文件。

4. 我方承诺按照招标文件规定向你方递交履约担保。

5. 我方在此声明，所递交的投标文件及有关资料内容完整、真实和准确，且不存在"投标人须知"不符合规定的任何一种情形。

6. 无 （其他补充说明）。

投 标 人：_____（盖单位章）
法定代表人或其委托代理人：_____（签字）
地址：_____
电话：_____
传真：_____
邮政编码：_____

____年____月____日

单独设置为居中对齐

单独设置为右对齐

## ③ 设置表格样式

设置表格正文【字体】为"宋体"、【字号】为"五号"，设置表格标题行【字体】为"宋体"、【字号】为"小四"，并设置【加粗】效果，如下图所示。

| 序号 | 名称 | 信号规格 | 单位 | 数量 | 预算单价 | 预算合计 | 工作内容 |
|---|---|---|---|---|---|---|---|
| 1 | 耐火性金属线槽 | 300*100 | m | 640 | | | 包含辅材及安装 |
| 2 | 报警信号二总线 | WZBN-RVS-2*1.5 | m | 7400 | | | 包含辅材及安装 |
| 3 | DC24V电源二总线 | WZBN-BYJ-2*2.5 | m | 6440 | | | 包含辅材及安装 |
| 4 | 消防电话二总线 | WZBN-RVSP-2*1.5 | m | 6450 | | | 包含辅材及安装 |
| 5 | 消防语音及控制电缆 | WZBN-RVVP-4*2.5 | m | 300 | | | 包含辅材及安装 |
| 6 | 直接控制电缆 | WZBN-KYJYP-14*2.5 | m | 665 | | | 包含辅材及安装 |
| 7 | 直接控制电缆 | WZBN-KYJYP-24*2.5 | m | 560 | | | 包含辅材及安装 |
| 8 | 联动控制二总线 | WZBN-BYJ-2*1.5 | m | 2140 | | | 包含辅材及安装 |
| 9 | 防火漆 | | 平方 | 500 | | | 包含辅材及安装 |
| 10 | 金属软管 | β20 | m | 400 | | | 包含辅材及安装 |
| 11 | 视频线 | SYV75-5 | m | 1000 | | | 包含辅材及安装 |
| 12 | 220V电源线 | WZBN-BYJ-3*2.5 | m | 380 | | | 包含辅材及安装 |
| 13 | 耐火性金属线槽 | 100*100 | m | 350 | | | 包含辅材及安装 |
| 14 | 保护管 | SC20 | m | 220 | | | 包含辅材及安装 |
| 15 | 点型感烟火灾探测器 | | 个 | 275 | | | 包含辅材及安装、调试 |
| 16 | 点型感温火灾探测器 | | 个 | 21 | | | 包含辅材及安装、调试 |

表格行较多，跨页显示时，可设置标题行跨页显示。

## 第 2 部分 报价汇总表及分项报价表

选择标题行并右击，在弹出的快捷菜单中选择【表格属性】选项

选中【在各页顶端以标题行形式重复出现】复选框，单击【确定】按钮即可

## 4 图片设置

图片【环绕文字】为"嵌入型"，并设置为"居中对齐"，如下图所示。

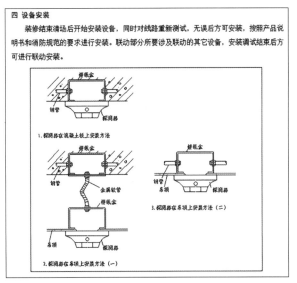

# 8.4.4 插入页眉和页脚

　　页眉、页脚采用相同的页眉和页脚格式，首页不显示页眉、页脚，正文部分页眉显示投标单位名称和项目名称，页脚显示页码及投标单位信息。标书页码通常是从正文开始编号的。

## 1 设置页眉选项

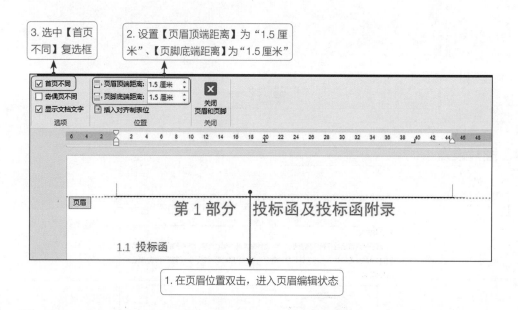

3. 选中【首页不同】复选框

2. 设置【页眉顶端距离】为"1.5厘米"、【页脚底端距离】为"1.5厘米"

1. 在页眉位置双击，进入页眉编辑状态

## 2 输入并编辑页眉

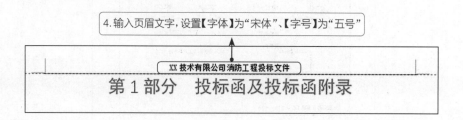

4. 输入页眉文字，设置【字体】为"宋体"、【字号】为"五号"

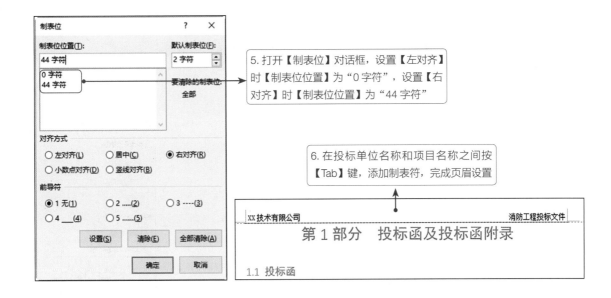

5. 打开【制表位】对话框，设置【左对齐】时【制表位位置】为"0字符"，设置【右对齐】时【制表位位置】为"44字符"

6. 在投标单位名称和项目名称之间按【Tab】键，添加制表符，完成页眉设置

## ③ 输入并编辑页脚

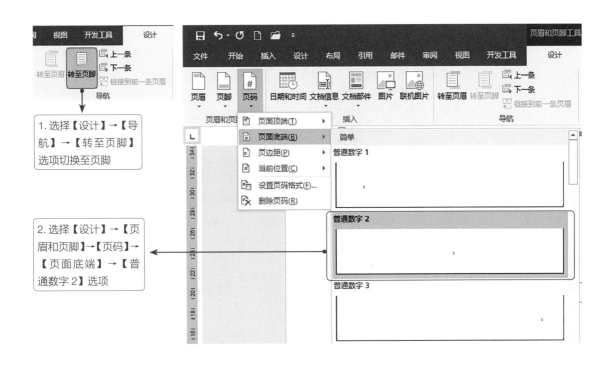

1. 选择【设计】→【导航】→【转至页脚】选项切换至页脚

2. 选择【设计】→【页眉和页脚】→【页码】→【页面底端】→【普通数字2】选项

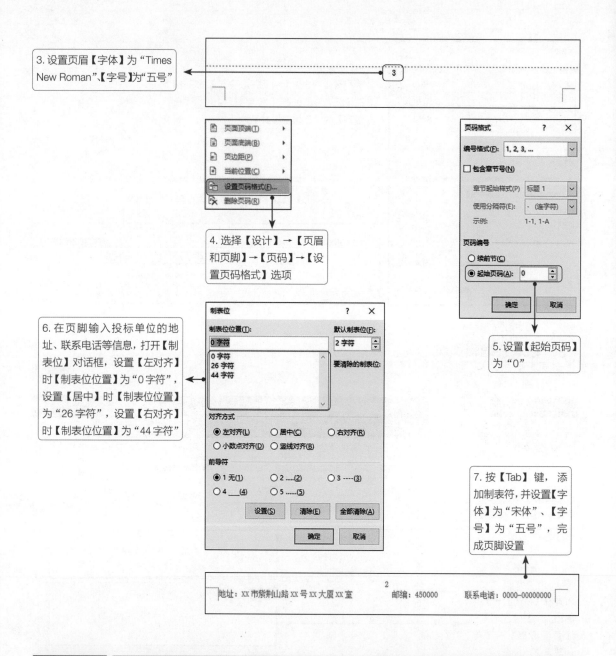

3. 设置页眉【字体】为 "Times New Roman"、【字号】为 "五号"

3

4. 选择【设计】→【页眉和页脚】→【页码】→【设置页码格式】选项

页面顶端(T)
页面底端(B)
页边距(P)
当前位置(C)
设置页码格式(F)...
删除页码(R)

页码格式                    ?    ×

编号格式(F):  1, 2, 3, ...

☐ 包含章节号(N)

章节起始样式(P)    标题 1

使用分隔符(E):    -（连字符）

示例:          1-1, 1-A

页码编号

○ 续前节(C)

⦿ 起始页码(A):  0

确定    取消

5. 设置【起始页码】为 "0"

6. 在页脚输入投标单位的地址、联系电话等信息,打开【制表位】对话框,设置【左对齐】时【制表位位置】为 "0字符",设置【居中】时【制表位位置】为 "26字符",设置【右对齐】时【制表位位置】为 "44字符"

制表位                         ?    ×

制表位位置(T):              默认制表位(F):
0 字符                       2 字符

0 字符
26 字符                      要清除的制表位:
44 字符

对齐方式
⦿ 左对齐(L)    ○ 居中(C)    ○ 右对齐(R)
○ 小数点对齐(D)  ○ 竖线对齐(B)

前导符
⦿ 1 无(1)      ○ 2 ......(2)   ○ 3 ----(3)
○ 4 ____(4)    ○ 5 .....(5)

设置(S)    清除(E)    全部清除(A)

确定    取消

7. 按【Tab】键,添加制表符,并设置【字体】为 "宋体"、【字号】为 "五号",完成页脚设置

地址：xx 市紫荆山路 xx 号 xx 大厦 xx 室          2          邮编：450000          联系电话：0000-00000000

## 8.4.5 添加目录

添加目录前,最好能统查文档,调整不合理的细节部分。然后将鼠标光标定位到目录页面 "目

录"文本下方，选择【引用】→【目录】→【目录】→【自定义目录】选项。

选择【自定义目录】选项

设置【格式】和【显示级别】

# 目　录

设置目录文本【字体】为"宋体"、【字号】为"11"，并设置【行距】为"1.5 倍行距"